智读汇

连接更多书与书，书与人，人与人。

(365日精进)

——在职场中修行系列 II——

活出真我

伍注意 编著

中华工商联合出版社

图书在版编目（CIP）数据

活出真我 / 伍注意编著 . — 北京：中华工商联合出版社，2021.10
 ISBN 978-7-5158-3220-3

Ⅰ. ①活… Ⅱ. ①伍… Ⅲ. ①人生哲学—通俗读物 Ⅳ. ① B821-49

中国版本图书馆 CIP 数据核字（2021）第 222237 号

活出真我

作　　者：	伍注意
出 品 人：	李　梁
责任编辑：	付德华　关山美
装帧设计：	王桂花
责任审读：	于建廷
责任印制：	迈致红
出版发行：	中华工商联合出版社有限责任公司
印　　刷：	北京毅峰迅捷印刷有限公司
版　　次：	2022 年 1 月第 1 版
印　　次：	2022 年 1 月第 1 次印刷
开　　本：	710mm×1000mm　1/16
字　　数：	320 千字
印　　张：	25
书　　号：	ISBN 978-7-5158-3220-3
定　　价：	68.00 元

服务热线：010-58301130-0（前台）
销售热线：010-58301132（发行部）
　　　　　010-58302977（网络部）
　　　　　010-58302837（馆配部）
　　　　　010-58302813（团购部）
地址邮编：北京市西城区西环广场 A 座
　　　　　19-20 层，100044
http：//www.chgslcbs.cn
投稿热线：010-58302907（总编室）
投稿邮箱：1621239583@qq.com

**工商联版图书
版权所有　侵权必究**

凡本社图书出现印装质量问题，请与印务部联系。
联系电话：010-58302915

目录 | CONTENTS

柳月
万象更新，正月晴和风气新，纷纷已有醉游人。
1

杏月
春和景明，新年都未有芳华，二月初惊见草芽。
33

桃月
繁花似锦，故人西辞黄鹤楼，烟花三月下扬州。
65

槐月
润物无声，人间四月芳菲尽，山寺桃花始盛开。
97

蒲月
风和日丽，五月榴花照眼明，枝间时见子初成。
129

CONTENTS

活出真我

2

荷月
骄阳似火，毕竟西湖六月中，风光不与四时同。
161

兰月
鹊桥归路，七月湖中风露新，临流闲照白纶巾。
193

桂月
风泉虚韵，八月微凉生枕簟，金盘露洗秋光淡。
225

菊月
天高气清，待到秋来九月八，我花开后百花杀。
257

露月
霜威寒透，落叶纷纷十月时，今年霜比去年迟。
289

CONTENTS

葭月
寒风猎猎,江城山寺十一月,北风吹沙雪纷纷。
321

腊月
南枝梅玉,日晏霜浓十二月,林疏石瘦第三溪。
353

柳月

万象更新,
正月晴和风气新,
纷纷已有醉游人。

顺势而为，遵从自然规律

> 主人养的母鸡每天下一个蛋，主人为了让鸡多下蛋就使劲喂食，结果鸡吃胖了，却一个蛋也下不了。
>
> 有些人因为贪婪想得到更多的利益，结果连现有的都失掉了。

朋友的度假别墅坐落在山间，边上的山头是别人承包的茶山。作为一个好茶之人，我对各地名茶略有些研究，对于种茶采茶，也略知一二。雨后明前，我与这位朋友小聚，喝茶的时候看见对面的茶山，颇有些不解。正是采摘茶叶的时候，怎的对面的山头，却不见几个采茶的人？

朋友却说，对面茶园的老板，是个外行，更是个急性子的人。正常的茶树要长三年，才能有所产出；要十年往上的老树，才算是盛产期，可以大量出茶。但这位老板，却偏偏急着回本赚钱，从小树的第二年就开始采茶，以至于如今这些茶树，不仅枯死不少，而且活着的也没甚精神，枝丫稀疏叶子青黄，五年的茶树长得还不如人家三年的茶树大。眼看着整座茶山都要死掉了，这老板怕血本无归，才找来了内行的茶农。如今，按照人家农技人员开的方子，这些茶树都在休养，起码得等几年，恢复了元气，才能重新有所产出。

有些事情，是欲速则不达的，要按部就班地等待，而悖逆天性和自然规律，往往不会有什么好结果。揠苗助长是个浅显的道理，但贪婪，总是让我们看不到这些道理。

机会只垂青于有准备的人

> 人生没有注定的赢家，也没有绝对的运气。好运气藏在你的实力里，也藏在不为人知的努力里。

生意场上，有一种人是你嫉妒都嫉妒不来的——他们总是能遇到一个又一个天赐良机，而且他们还把这些机遇一一把握、最大化利用了。

楼上那家公司的老总，就是这样一位商场骄子。1990年停薪留职下海跑去了深圳，带着自己若干年的积蓄和借来的钱炒国库券；1992年转战上海成为新中国第一批股民；1993年在深圳开电子厂，转战实业；1998年凭着一腔热血在香港做多港币，也算是和索罗斯隔空过招，乘东风竟然略胜一筹。可以说，在机遇遍地的20世纪90年代，他算得上是成功的淘金者。

2000年左右的时候，因为身体原因，这位弄潮儿隐退江湖。2008年金融危机后，静极思动，他重出江湖。原以为脱节十年错过无数机会，谁料转战房地产行业亦斩获不俗。如今，他主业互联网投资，副业房地产开发，两手都做得不错。偶然聊起，才晓得他这十年并未荒废，虽然不曾出手，却依然关心着方方面面的琐碎信息，才能在出山之后就把握住机遇。多听、多看、多想，这是他总结的自己成功的三条秘诀。

不是机会只垂青于有准备的人，而是有准备的人，才能在机会来临的时候，一手将其把握。

君子慎其独也

> 真正拉开你与他人差距的，就是你与自个儿独处的时光。
> 利用独处的时间为自己增值，才能把生活的点滴过成诗。

执教孺子的时候，班上有两个学生，一般聪明，一般用功，但在升入高年级的时候，两个人的学习成绩之间却逐渐拉开距离。虽然两人都称得上优秀，但其中一个却更出类拔萃。家访时才晓得，一个家中比较富裕，父母又疼爱幼子，故此放学有时间温书预习。而另一个受限于家境，又是家中长子，不得不把大量的时间花在帮衬家事上，于是两人的学习成绩渐渐就拉开了差距。

后来开公司，几位同期入职的员工，初期的时候能力和业绩也相差无几。但把上班以外的时间，花在了提升自己的那位员工，终究成长更快。他逐渐拉开了和同期其他人的距离，能力和业绩都有了，我也自然虚位以待。

无论读书还是上班，八小时以外的时间，才是拉开人与人之间差距的主要原因。有的人碌碌十年还在原地，有的人却已经一飞冲天。原因就在于对八小时以外时间的利用方式上。

在职场中修行

> 什么叫职业幸福感？在职场中欲望得到满足，潜能得以发挥，能力持续增强，未来逐步变好，持续获得快乐的体验。

柳月

有段时间，孩子沉迷于打游戏，成绩下降得厉害，我也经常被他的班主任叫去磋商。好言相劝过，动手打骂过，可他依然沉迷。为了了解孩子沉迷游戏的原因，我特地花了些时间，去了解了一下游戏，甚至亲手尝试。

当年的游戏远不如现在画面精美、细节复杂。简单的打怪升级，怎么就能让孩子不可自拔呢？以我的了解，这游戏啊，不外乎就是抓住了人们的心理，能够让人在游戏中获得现实之中不太容易得到的满足感。

打怪升级是很多游戏的基础设定，但却符合完成一定任务，获得一定回报，并且得到切实可见的提升的反馈机制。而这一点在现实生活中并不容易获得。我家附近有间生煎店，一位雇员几十年如一日只负责包生煎，速度飞快，样子又好看，效率质量又兼顾。但她重复包生煎再多次，也依然只是个包生煎的。很多人在重复的过程中失掉自己的创造力，却并没有能够得到切实的提高和回报。

如果把职场也当作一个打怪升级的游戏，那么，你要有幸福感，才能玩好这个游戏。

人生需要屡败屡战

如果想赢，先学会输。这世上没有谁能随随便便成功，更没有一蹴而就，只有厚积薄发，天道酬勤。

输得起，才会赢。赢一时，未必次次可赢；输一次，未必次次不赢。

赢了，不要沾沾自喜、恃才傲物；输了，不要妄自菲薄、一蹶不振。输不失志，赢不失态，输赢皆是人生常态。

如果把输赢看得太重就会很累，要学会轻装上阵，跌倒了必须勇敢地站起来，微笑面对，从头再来。

有的人输了无数次，最后才获得成功，赢了天下；有的人赢了无数次，只输了一次，却万劫不复。

秦末，刘邦只是淮上沛县一个浪荡子，一个小小的亭长，押送戍卒的时候跑了太多人他没办法交差，不得已只好造反。混着混着竟然混出了些人样。但比起出身楚地顶级贵族，战功彪炳给了秦朝致命一击，会盟诸路反王自称西楚霸王的项羽，仍然不值一提。

在与项羽争夺天下的过程之中，刘邦除了最后的垓下之战，几乎输掉了与项羽的每一场战争。但每一次输掉战争，号称"中国历史上最优秀后勤大队长"的萧何，总能从关中为他筹备好下一场战争的兵马辎重。他输得起，最后也赢得了和项羽的最后一战，赢得了整个天下。

如果你不能保证自己一次就能获得成功，那么最好保证自己有"再来一次"的能力。能有从头再来的勇气和实力，才能拨云见日，迎来成功的那天。

你需要有一颗坚韧不拔的心

柳月

武则天证明成功和男女没关系；姜子牙证明成功和年龄没关系；朱元璋证明成功和出身没关系；马云证明成功和长相没关系；李嘉诚证明成功和文凭没关系；罗斯福证明成功和身体没关系；路易十四证明成功和身高没关系；比尔·盖茨证明成功和学历没关系；事实证明你不努力一切都跟你没关系。

朋友，请撸起袖子干吧！

年轻人，当年踏出校门，面对社会的时候，你是不是有过这样一种迷惘？遍地黄金的年代已然不再，经济的发展趋于平缓，巨头如同八爪鱼一样深入各行各业，年轻人创业的结果，不过是失败或者被招安。甚至，这些都与你无关——找一份普通的工作，和一个普通的人结婚，为房价发愁，担心孩子的教育问题……你在操心柴米油盐，逐渐活成了你父母的样子。

但是，别放弃啊！纵然生来平凡，你也不能甘于平庸。你不应该向命运低头，这世间其实并没有什么宿命。不认命，去拼命，敢于打破自己，为梦想插上翅膀，越过高山的海洋，你就有机会闯出自己的一片天。

你也许会跌倒，但别放弃，站起来继续跑；你也许会受伤，但别放弃，像野兽一样舔舐伤口，伤疤只是你奋斗的勋章；你也许会沮丧，但别放弃，收拾心情再出发；你也许会失败，但别放弃，从头再来也豪迈。Keep Moving！成功就在前方！

方向永远比方法更重要

钱花在这三件事上，永远不亏本，越花越赚！

投资自己：投资自己，提升自己的内在。正在读书的人，花钱让自己受到更好的教育，今后能过上更好的生活；已经工作的人，花钱让自己得到更高的提升，今后能获得更多的收获。

孝敬父母：为父母花钱，不在多少，而在心意。舍得为父母花钱的人，是知恩图报的人。乌鸦反哺，羔羊跪乳，动物尚且懂得孝顺，何况我们？

回馈别人：任何人的成功是靠别人的助力，没有别人的支持和帮助你将一事无成。良好的关系需要时刻去维系。维系人与人之间关系的方法有很多种，花钱其实是最实惠的一种。

在中国广大的四五线城市及小镇乡村，人情关系仍然充斥，甚至被认为是"一种不可缺少的补充货币"。很多事情，你可以花钱解决，但也能用人情解决。对于人均收入并不算高的中国村镇居民来说，后者，显然是更具有实际意义和可行性的操作方式。但与此同时，维护人际关系，也就成为他们需要花费时间精力和金钱去操持的事情。一文钱难倒英雄汉，很多人年轻的时候总觉得没钱是天大的事情；等到年纪渐长，才明白能用钱解决的，并不是最难的问题。

物物而不物于物

> 人生不要被过去控制，决定你前行的，是当下；人生不要被别人控制，决定你命运的，是自己；人生不要被金钱控制，决定你幸福的，是知足；人生不要被仇恨控制，决定你快乐的，是宽恕。

做自己的主人，而不是成为任何外物的奴隶。不要沉湎于过去，因为过去已经无法改变，你留恋的辉煌只是昨日成功的勋章；唯有着眼于未来，才能有创新的辉煌。可以听从别人的意见，采纳别人的建议，但在付诸行动之前，请先动一动自己的脑筋，而不是全盘接受。不要做别人思想上的傀儡，也别成为别人的信徒，掌控自己的心灵，才能真正获得成功。不要做金钱的奴隶，金钱只是你可以利用的工具，金钱只是你达成理想的一般等价物，那并不是你最初和最后所追求的。不要被仇恨控制，一些极端的情绪都会毁掉你。学会宽恕，并不只是宽恕你的敌人，其实是放过你自己。余生，请做自己的主人。

向着梦想一路前行

> 世界会给那些有目标和远见的人让路。你若不给自己设限,人生中就没有限制你发挥的藩篱。

现在很多年轻人,早上起不了床,晚上下不了线,遇事总想复制别人的看法。在这个肆意张扬个性的年代,却生生活成了别人的复制品。这样的人,梦想早晚都会搁浅。你的眼界决定了你的成就,如果困顿于一口水井,纵然是蛟龙的种子,也只能长成一条泥鳅。所以,一个人最大的敌人不是别人,而是自己。

讲一个小故事。我的儿子小时候养了两缸金鱼,从同一个摊贩同一个水盆里以同样价格购买的金鱼。一年后,养在水缸里的金鱼长到了半个巴掌大;养在广口瓶里的,却仍然和最初一样大小。你要相信你的潜力不止眼前这些,是你自己限制了自己的成就。相信自己,你看到的远方有多遥远,你就可以走多远。如果你看到的只有眼前,那么你所能抵达的,也就只有目光所限的方寸之间。世界会给你更大的舞台,只要你愿意向更多人展现自己的风采。

顺逆皆为人生

> 认认真真走好生活中的每一步，做好每一件事，你就能在逆境中欣赏到独具特色的风景，悟到许多在顺境中无法参透的人生哲理。

除了上天的宠儿，谁能一辈子顺遂？人生的道路再曲折，你也只能一步步地走过。阳光灿烂是风景，电闪雷鸣是风景，雨后彩虹是风景，风刀霜剑是风景……一步一景，何处不是风景？你的人生不该只有一种颜色，你认真度过的每一天，都是你生命中独特的色彩。"不以物喜，不以己悲"的仁人之心太难达到？顺境逆境，皆是心境。不要因为境遇而改变自己，不忘初心，方得始终。

如果生命是在虚度和沉沦中苦苦煎熬，纵有千万个希望，终究也只会成为泡影，最后什么都留不下。所以，若珍惜生命，就从珍惜每一天开始；若珍爱生活，就从珍爱每一个人，每一件事开始。踏踏实实地走过你迈出的每一步，认认真真留下你走过的每一个足迹，才会活得不彷徨。这一生，方可不虚此行。

时间是一把标尺

> 时间有三种步伐：未来姗姗来迟，现在像箭一样飞逝，过去永远静止不动。时间是世界上一切成就的土壤。时间给空想者痛苦，给创造者幸福。

子在川上曰："逝者如斯夫，不舍昼夜。"对于空想者来说，时间过得飞快，他却永远等不到自己想要的未来，因为他从未播种，他的未来总是空空如也；对于创造者来说，时间虽然飞快，可过去的每一秒，他都充实地度过，他期待着未来，因为他在此时种下的种子，将在未来得到收获。李大钊说："谁对时间越吝啬，时间对谁越慷慨。要时间不辜负你，首先你要不辜负时间，抛弃时间的人，时间也抛弃他。"合理地安排时间，就等于节约时间。往者不可谏，来者犹可追。其实，时间的三种状态，你能把握的，只有现在。给时间一点点时间，让过去过去，让开始开始。

只有记忆是永恒的

> 世界上最快而又最慢，最长而又最短，最平凡而又最珍贵，最容易忽视而又最令人后悔的就是时间。

在一生之中，你可以创造无尽的财富，但唯有一样财富，你只能不断失去——那就是时间。保持一份平和与清醒，身居闹市而自辟宁静，固守自我而品尝喧嚣，在人生的旅程中，全然切断时间的概念，享受悠闲相拥的过程。欣赏岁月沉淀和时间的幽深，不辜负你我不期而遇的美丽时光。在人生的路上迈着温和刚健的步伐，在渐进中积累回忆和纪念，在没有追悔的期待中完成行程才算不虚此生。时间是平等的，每一个人的时间，都以同样的速度流逝；时间又是偏心的，因为只有认真对待每分每秒、认真度过每时每刻的人，才能用有限的时间，创造更大的价值。所有人都在不断失去时间，有的人用时间交换了自己想要的；有的人却自始至终一无所获。

顺时势，弈变革

> 山不来就我，我便去就山。人生最聪明的态度就是：改变可以改变的一切，适应不能改变的一切。

《史蒂夫·乔布斯传》里有这样一段话：当你长大了，总有人对你说，这个世界有它的规则，你的人生也是在这个世界上过生活，别老是想着打破规则，这样的人生太狭隘了。人生可以更加宽广，只要你能领悟一个简单的道理：那就是你身边一切所谓生活的东西，都是一些不比你聪明的人造出来的。你可以改变它，你可以影响它，你可以自己创造出对别人有用的东西。一旦你跳出那个"生活不可改变，你只能适应"的荒谬观点，转而拥抱它、改变它、升华它，给它烙上你的印迹，一旦你明白这点，你的人生将从此不同。

只要在世界上生活就离不开环境。重要的不是环境，而是对环境做出适当的反应。适者生存，永远是自然界的进化规律。假如无法改变环境，让环境适应你，那么，你就改变自己，让自己去适应环境吧。

活出真我风采，做最好的自己

柳月

> 生活的最高境界：珍惜自己的过去，满意自己的现在，乐观自己的未来。

珍惜自己的过去，是过去你所经历的，塑造了现在的你；满意自己的现在，现在是你唯一能够掌握的，你当知足，然后用现在的付出，创造更美好的未来；乐观自己的未来，未来或许有太多的可能，可其实未来也没那么多的不确定性，你在此时付出，便能把握未来。

每个人都是由三部分组成的：过去的你，现在的你，将来的你。你读过的书、走过的路、去过的地方、看过的风景、遇见的人……是这些，塑造了过去的你。但这一切也都过去了，这些过往的经历会影响现在的你，但你要尽量不被这些往昔影响。如果你为过去的成功而沾沾自喜，那么往往意味着你将错过再一次成功的机会；也不要为过去的失败懊恼，今天的你是一个全新的你，过去的失败，只是铺就你成功之路的基石。未来的你关乎你的理想和梦境，是你的目标，亦照亮你前行的路。相信自己有伟人的前程，然后踏上去追寻的路。你很好，你的未来，由现在的你，亲手去创造。

以精神为先导，物质自理之

> 当一个人能足以包容所有生活的不愉快，能专注于自身的责任而不是利益时，那么他就站在了精神的最高处。

有一首经典的老歌，叫作《Que Sera Sera》，被译为《顺其自然》。

一个小女孩问自己的妈妈，自己长大之后，会不会有如花般的姣好容颜，生活富有，物质上可以得偿所愿。

妈妈告诉她，一切，何不顺其自然？

小女孩长大了，收获了自己的爱情，她问自己的男友，他们未来的生活，是否日日都有彩虹。

男友告诉她，一切，何不顺其自然？

后来，女孩有了自己的孩子，孩子们也问她，他们长大后会不会英俊潇洒人见人夸，金钱富足可以潇洒挥霍。

而这位妈妈则回答，一切，何不顺其自然？

世界以痛吻我，而有些人选择回报以歌。不要因为生活的不如意而消沉，你应该在自己力所能及的范围内做到最好。剩下的，交给命运吧。相信，越努力，越幸运。

义以生利，利以丰民

　　亚当·斯密说："以遵从自己的心做利他的行，是对社会发展最有利的思想和行为的结合，也是最大的善良。"精神层次高的人，做事绝不会出于欲望和功利，他们没有被其蒙蔽双眼，而是遵从自己的内心，传递自己的善意。我们应当做一个充满善良的人。

　　普京说："人首先应当遵从的，不是别人的意见，而是自己的良心。"当你面临选择的时候，当你遭遇两难的时候，当你陷于迷茫的时候；别急着问别人的意见，先问问自己，听听自己内心最真实的声音，你最本原的想法。在点亮自己的眼睛之后，好好用自己的双眼去分辨前进的道路。遵从自己的内心，为了不让自己后悔；必须自己和自己搏斗，才能够征服自己。迈克尔·杰克逊的一生充满争议，但无愧于一代天王，他曾说过：当一个世界充满了仇恨，我们必须依旧敢于希冀；当一个世界充满了愤恨，我们必须依旧敢于抚慰；当一个世界充满了绝望，我们必须依旧敢于梦想；而当一个世界充满了猜忌，我们必须依旧敢于信任。这个世界不缺善良的人，缺的是经历挫折、打击、背叛之后仍然善良的人。

人生何处不修行

> 人生就是一场修行。每一件事情都心平气和地去做,每一个人都和善亲切地去对待,时刻让自己保持一颗善心善念,这就是最好的修行!

寒山问拾得曰:"世人谤我、欺我、辱我、笑我、轻我、贱我、厌我、骗我,如何处治乎?"

拾得云:"只是忍他、让他、由他、避他、耐他、敬他、不要理他。再待几年,你且看他。"

姑苏城外寒山寺,听寒山拾得问对。第一次听出退让,第二次明白豁达,第三次修得涵养,第四次知晓洒脱,第五次悟出平常。一个人来这个世上走上一遭,便是一场修行。保留一颗童心,秉承一颗善心,污浊人世,刹那便美好。恰如《菜根谭》中所言:为善而欲自高胜人,施恩而欲要名结好,修业而欲惊世骇俗,植节而欲标异见奇,此皆是善念中戈矛,理路上荆棘,最易夹带,最难拔除者也。须是涤尽渣滓,斩绝萌芽,才见本来真体。

是真我才能还你真我

> 人生永远都不会辜负谁！那些转错的弯，走错的路，滴下的汗水，留下的伤痕，全部都是为了让你成为独一无二的自己。

《卡萨布兰卡》里有一句台词，你现在的气质里藏着你走过的路、读过的书和爱过的人。凡走过的必留痕迹，人生在世，决定你之所以为你的，正是你所经历过的一切。再坏的回忆，也不要试图通过忘记来逃避，学会接受过往的经历和曾经的自己。犯错不可怕，人总是在试错之中不断成长；受伤不可怕，断裂的肌肉纤维愈合后会更强壮，留下的伤疤是你勇武或者莽撞的证明。别在成长中丢掉属于自己的颜色，也别被生活的苦难打磨去你的棱角。无论自己在别人眼里是什么样子，都不要急着否定或肯定自己。只要努力去做最好的自己，一生足矣。为自己的人生负责，为自己的梦想买单。你之所以为你，是因为人群中，你是独一无二的那一个。

愿你出走半生，归来仍是少年

所谓年轻，不只是指年龄，更指生活心态。

对世界充满好奇，对人生满怀期待，明白路途艰辛但仍一往无前，这便是年轻的生命状态。

今天的你可以一无所有，唯一不能没有的是对生活的激情和对未来的期望。

老年人在面容上的差异极大，一样岁数的人，看起来可以像是舅甥姨侄。而且这种面容上的差距，往往会在退休后的几年里，快速演变。而显得较为年轻的人，他们往往有这样的共同点：拥有自己的兴趣爱好，生活规律，饮食正常，生活虽然日复一日，但他们却对每一天都有新的期盼。可见，有时候决定年轻或者衰老的，其实就是心态的不同。没有人永远年轻，但总有人正年轻着。年轻人在追梦路上，或许年龄日增月长，但只要依旧愿意去学习、去探索、去拥抱新知，就能永远保持年轻的心态，不会被岁月磨去棱角。

有的人二十几岁，就写死了自己的往后，余生枯燥乏味，活着的只是躯壳，灵魂早已迷失。而有些人的人生，从来是无法预测的不定式，永远保持着孩子般的好奇和少年的激情，他的未来，也跟孩子和少年一样无可限量。悲观者活在过去，乐观者活在将来，哪有谁是真的百折不挠？只是对人生满怀期待的人，坚定地相信，明天一定会更好！

正当此刻青春，就是最好年华

　　最美好的生活方式，不是躺在床上睡到自然醒，也不是坐在家里无所事事，更不是走在街上随意购物，而是和一群志同道合的人，一起奔跑在追求理想的路上，抬头有清晰的远方，低头有坚定的脚步，回头有一路的故事。

　　如果每个人死后，人生在某个地方归档，那么记载每个人一生的书，绝对会有不同的厚度。厚度并不取决于人生的长度，而取决于这一生，你是怎样度过。庸庸碌碌是一生，平平淡淡是一生，精彩跌宕是一生。你的人生由你掌控，但我说：你来人间一趟，值得去山顶，看看不一样的风光。船停在码头是最安全的，但那不是船的目的；车停在车库里是最安全的，但那不是车的目的；人待在家里是最舒服的，但那不是人生的意义。做优秀的人、看美好的世界；这个世界上有许多你不知道的地方、不知道的人、不同的生活方式；愿我们都能遇到最应该遇到的人、去到最想去的地方。人生没有彩排，每一场都是现场直播，把握好现在，便是对人生最好的珍惜！除了这一生，我们又没有别的时间；何不让自己，书写属于自己的精彩？

柳月

你若浮躁，一切皆浮云

年轻人希望自己少年得志，普通人希望自己逆袭成功，创业者希望自己抢占风口。这个时代实行高速度，许多人都对时间失去耐心。但其实真正成功的，往往是那些能静下心，把时间、精力和资源投注到一件事上，把事做好做透的人。与其毛毛躁躁、自乱阵脚，不如静下心来，稳步前行。

这个年代的人惯于好高骛远，惯于寻找捷径，总是急功近利。可说实在的，任何值得去的地方，都没有捷径；走惯了捷径的人，也就再走不了大道。赌博会毁掉一个人，不在于输赢多少，而在于挣惯了快钱，就再没有脚踏实地挣钱的心思；轻而易举的成功同样会毁掉一个人，他会再也受不了脚踏实地地一步步前行，遭遇挫折时会想着换一条路而不是战胜苦难。正如培根所讲："人生如同道路。最近的捷径通常是最坏的路。"

有多少梦想不曾遍体鳞伤

柳月

> 谁都向往舒适安逸的生活，然而多少人愿意承受背后的付出；谁不想要一路开挂的人生，然而世界上却根本没有捷径可循。不是生活太残酷，而是你还没有学会成长。要想从容地应对生活，实现自己的梦想，就不要惧惮付出。学会将哭声调成静音，你曾经受过的伤，都是你成长的勋章。向着梦想，继续前行！

譬如萤火虫，想要让自己过得流光溢彩，先要学会持续闪烁。

人生之路，总是步履维艰、蹒跚而行，这一路，你始终要在最难坚持的地方继续坚持，在最懦弱的地方克服懦弱，在最疲惫的时候战胜疲惫。如果连你自己都丢掉了梦想，又如何能不忘初心地继续走下去？

谁都想要安逸的生活，可你就舍得有一个爱你的人背负着本该由你背负的重量负重前行？

岁月会让一切淡然，恰如从"为赋新词强说愁"的少年，被磨砺成"欲说还休"的那个男人。

集腋成裘，聚沙成塔

生活中最让人感动的时光，常是那些一心一意为了目标努力奋斗的日子。哪怕目标卑微，奋斗也值得骄傲。只有无数小小的目标累计起来，才可能获得一个伟大的成就。恰如金字塔是由一块块石头垒起来的，每一块石头都简单平凡，然而金字塔却宏伟永恒。

在上海跑过马拉松，42.195 千米，想想都觉得漫长。我能坚持下来吗？我问自己，答案是：很难。我的身体不错，平时也有锻炼，但毕竟年纪渐长，也不曾跑过这么长的距离。但我相信自己可以做到，42.195 千米，其实也就是 42 个 1000 米，再多了不到 200 米。我不强求自己跑完全程，但我想看看自己能坚持多少个 1000 米。每跑完一个 1000 米，我就在心底告诉自己，我完成了一个小目标。当我完成了 42 个小目标的时候，我距离终点，也就只剩下了 195 米。难吗？再长的路，总也是一步一步走完的。

在沉默中积蓄爆发的力量

柳月

  时间的流逝总是无声无息，别等到回忆时才觉得留下了太多遗憾。你的梦想，只能用奋斗来奠基，用行动来实现。学会规划时间，对生活中的人和事更加包容，培养一两样自己的爱好……在细水长流的日子里，努力成为更加优秀的自己。

  每年生日的时候，我都会问自己，在过去的一年里，自己有多少的进益。

  在过去的一年里，我又多读了几本开卷有益的好书？

  在过去的一年里，我又认识了几个谈笑对饮的挚友？

  在过去的一年里，我又完成了几个曾经设定的目标？

  曾子曰："吾日三省吾身。"圣人门徒的境界做不到，一年一次总是可以的。给自己一点时间，停下来回头看看，自己有没有成为更好的自己？

  别让岁月留给你的，只是髀肉横生、大腹便便，你该沉淀的，当是智慧和经验。

不忘初心，砥砺前行

> 简单的事情坚持下来就不简单，困难的事情坚持下来就不困难。坚持和简单两个词，只有不简单的人才能做到。

20世纪90年代，有个小个子的年轻人出来闯荡，仗着身子轻又灵活，找了份给人擦窗户的活计。一段时间以后，工头看他总是干得又快又好，就问他敢不敢擦更高的窗户。那时候，中国的高楼大厦不多，"蜘蛛人"也是个新行当。但他依然干得又快又好，第二年他去了中国香港做"蜘蛛人"，第三年去了美国纽约挣美元。擦窗户这件事情，简单；但做到这份上的，不简单。能够认真把一件简单的事情做到最好，那就是不简单。这样的人换了一个领域，其实也能做好，因为做什么，重要的都是态度。

乘风破浪会有时，直挂云帆济沧海

柳月

壮志凌云，志存高远。立志是为了对自己设定的目标进行自我激励，是对实现目标的过程中进行自我调整，是确保结果实现的有力保障。超出自己的才能和能力的立志，就是好高骛远。空立志不如不立志，常立志不如立长志。

常人都说三十而立，但如今，在三十岁的时候，能够拥有一份属于自己的、愿意为之付出所有的事业的，却只是少数。原因何在？私以为，少年不立志，壮年何以立业？

这世界上庸碌的是大多数，他们在年少的时候，沉迷于对自己的将来无益的事情，甚至有些人一辈子都找不到自己要去的方向。倘若没有方向，又何谈朝着既定的目标奋力前行？

故而，如果想要这一生光阴不虚度，想要在这一生有所成就，不负来世间走过一遭，那么，在少年时就要立志。

《曾国藩家书》中如此写道："且苟能发奋自立，则家塾可读书，即旷野之地，热闹之场，亦可读书，负薪牧豕，皆可读书。苟不能发奋自立，则家塾不宜读书，即清净之乡，神仙之境，皆不能读书。何必择地，何必择时，但自问立志之真不真耳。"

不唯读书如此，事事皆是如此。立志就是定下一个力所能及的目标，就是定下目标之后，排除万难，殚精竭虑，为之赴汤蹈火也万死不辞。成功会在不远处等你的——因为"有志者事竟成"。

动中自有精气神，书中自有黄金屋

> 健身和读书，是世界上成本最低的升值方式；而懒，是你前进路上最大的敌人。

抛开爱情、友情、亲情这些让人觉得温情脉脉的词汇，我们其实活在一个明码标价的世界里——正如茨威格在《断头皇后》中说的那样，每一份你以为是命运的馈赠，其实早已在背后标好了价格。没有无缘无故的爱，你被需要，只是因为你拥有这样的价值。所以，在这个世界上活着，如果你不想被淘汰，那么最好能够让自己可以不断升值——以期对抗通胀。

健身和读书，可能是你提升自我价值的最廉价的方式了。你应当有一副好身体，以迎接可能到来的任何挑战；你应当用知识来武装自己的大脑，而不人云亦云随波逐流。

然而，世人皆有惰性，总是安于现状。很多人只是让自己看起来好像很努力而已。看起来每天熬夜，却只是拿着手机点了无数个赞；看起来起那么早去上课，却只是在课堂里补昨天晚上的觉；看起来在图书馆坐了一天，却真的只是坐了一天；看起来去了健身房，却只是在和别人搭讪。但这样的"看起来很努力"，可以欺骗自己，却欺骗不了别人。你最终会成为怎样的人，取决于你的出身，更取决于你后天的雕饰。玉不琢，不成器，你是要成为被千万人膜拜的佛像，还是被千万人践踏的石阶？

做一个自己的造命人

> 成功是分两半的,一半在上天手中,那是宿命;另一半在自己手中,那是拼命。宿命在上天手中为未知数,拼命在自己手中为可知数。不要在该拼命的年龄相信宿命,忘了拼命。

中国人相信人定胜天,即便在君权神授的年代,依然有人喊出了"王侯将相宁有种乎"。凭借血脉统治国家的时代,在春秋年间就随着"礼崩乐坏"崩塌。"舜发于畎亩之中,傅说举于版筑之间,胶鬲举于鱼盐之中,管夷吾举于士,孙叔敖举于海,百里奚举于市。"读《孟子》,有人看到的是"生于忧患,死于安乐";而有人看到的是一条唯才是举,可以凭能力出人头地的通天之路。

你无法改变你的出身,但是,你可以靠自己后天的奋斗,在风浪中,给自己杀出一条血路,搏出一个未来!

别信命,命是你自己的。天助自助者,你敢拼命,就会有好运。

一屋不扫，何以扫天下

> 凡能做成大事的人，往往做小事也很认真，而做小事不认真的人，往往也做不成大事。
>
> 所谓迷茫，就是才华配不上自己的野心。要想解除迷茫，就要从小事做起，从身边的事情做起，能力不是从做大事得来的，而是从这些"不起眼"的小事情中慢慢锻炼出来的。
>
> 小事不肯干的你，大事也轮不到你。

不积跬步，无以至千里；不积小流，无以成江海。再远的路，也是一步一步走完的；再高的楼，也是一砖一瓦垒起来的。再复杂的机器分解到最后，也不过是一堆似曾相识的零件；再伟大的事业具体到实施，也不过是枯燥无趣的工作。

所以，万事开头，都是从小事做起。只有把小事做好了，才有可能得到做大事的机会；只有一点一滴积累起小的成功，你才能得到你想要的成就。

听听比尔·盖茨说的吧："年轻人，从小事做起吧，不要在日复一日的幻想中浪费年华。"

有一种落差是，你配不上自己的野心，也辜负了所受的苦难。当才华配不上野心，就该静下来学习。以梦为马，风雨兼程。

梦想如果遥不可及，那么，或许是你还不够努力，或许是你的努力找错了方向，或许是你的梦想定得太高，以至于拼尽全力都够不着。你当立下目标，然后沿着正确的道路坚持走下去，成功，不过是或早或晚的事情而已。

人生有多少坚强可以重来

柳月

> 有时候我们不得不坚强，于是乎，在假装坚强中，就真的越来越坚强了。

在虹桥机场准备登机的时候，遇到了一个年轻的女生和我打招呼。我与她素不相识，更未曾谋面，聊了几句才知道，我一直在做的助学计划，曾经帮助过她。作为受助人，她见过我的照片，读过我的寄语。我与她之间的交际，也就如此。但在登机前，她还是跟我讲述了她的故事。

这个女生也曾有一个幸福的家庭，父母搭档跑大车，虽然辛苦，但收入不算低。只是，在她16岁那年，父母因为避让夜行的行人，坠落悬崖，双双亡故。而她，则要独自带着才4岁的弟弟活下去。

对于一个高二的女生来说，这并不容易。办完父母的最后一桩事，家里的余财已所剩无几。她家在当地没有近亲，也没有亲戚的帮扶。这是个倔强又敏感自尊的孩子，她的性格不允许她向人低头，那时候也没有那么多的网络求助方式。她决定退学，打工挣钱，养活自己和弟弟。学校里很看好她的老师，则一再要求学校保留她的学籍，并积极想办法，筹一笔钱，在不伤到她的自尊心的前提下，能够帮到她。

她是个坚强的孩子，离开校门之后，她打两份工，以求能够多攒点钱。毕竟，虽然希望渺茫，但她仍然存了读书的念头的。周围的人，都觉得这姑娘性子要强，人也坚强。但教过她的小学的、初中的班主任却讲，她小时候，甚至比一般的女孩子更爱哭。从柔弱到刚强，只是因为没有了人为她遮风挡雨，她就得自己挺起脊梁。

　　这个女生的故事，还是相当圆满的。一批好心人先后给予了捐助，女孩在休学半年之后重新回到课堂。第二年，她考取了一所不错的学校，大学时期就与人合伙创业，小团队也曾面临过濒临解散的危机，但感谢她曾经的经历，让她再一次撑了过去。后来他们得到了一笔投资，如今拿到了天使轮和PreA投资，在她这个年纪，算得上是不小的成就了。

　　很多时候，我们是被逼无奈不得不坚强，但扛过去了，你就真的拥有了这一种可贵的品质。性格是天生的，却也可以后天塑造；你所经历的一切，都是你人生中的宝贵财富。

杏月

春和景明,
新年都未有芳华,
二月初惊见草芽。

只为成功找方法

"山不来就我,我便去就山。"揭示了一个道理:做一件事情,当我们用一种方法难以奏效时,不妨换一种思维方式,换一种角度。

革命不是请客吃饭,成功不是等等便到;世人可以施舍给你金钱地位,但你永远也乞讨不到成功——成功由心,而你不由命。

也谈取经,在佛教东渐的过程中,这种异域的宗教,是被不畏生死的苦行僧带到这片土地上的。以当时的交通和对世界的了解水平,印度的僧侣想要抵达中国,堪称九死一生,甚至是十死无生。但他们依然前赴后继,为弘道而殉道,而不是在菩提树下坐着,等待异域的取经人来此朝圣。

中国的僧侣也是一样的选择——去看看佛法的源头,去看看真正的经书。如果不曾有中国的僧侣踏上这条西去的朝圣之路,那么中国的佛教,其对经意的解释权将长期把握在番僧的手中。只有从源头了解佛教的一切,中国的僧侣才能获得解释经义的权利,才能将宗教进行本土化改造,使其成为一种符合当时当地国情的、能扎下根的、有生命力的宗教。

其实,无论各行各业,无论你在干什么,都要有这样的精神。等待只会坐失良机等成遗憾。当找不到路的时候,不是回头,不是停留,而是应该想着,怎样搬开拦路石,或者找到另一条畅通的路。

不以成败论英雄

> 所有人的努力，无非是两种结果，见笑或者见效。做好遇见前者的准备，做好遇见后者的从容。

《孙子兵法》有云："未料胜，先料败。"在面对一件事情的时候，我们应该期待最好的结果，却要做好最坏的准备。不是所有的事情都能顺心遂意，命运无常，我们在付出努力之后，能够得到一个怎样的结果，其实并不一定是能由我们自己决定的。

但，就算输了，又怎样呢？在失败之中，我们吸取教训；只要有再来一次的机会和勇气，那么我们离成功就能更进一步。数学的解题思路之中，有一种叫穷举法；只要给你时间，给你机会，你就能在不断的试错中，找到通往终点的、正确的道路。而且，谁说我们的成功，会在最后一次才到来呢？

我们经历失败，却仍然相信自己可以成功——有这样的觉悟，才称得上做好了奋斗到成功的准备。我们渴望成功，但也无惧失败；能够从容面对失败的人，终究会有成功的那么一天。

目标既定，笃定前行

> 行前定，则不究，道前定，则不穷。——《礼记》

只有制定了正确的目标，做事才能成功。一家企业有无明确且正确的战略目标，将决定其格局与成败。市场上什么赚钱就做什么，或许能赚到一些钱，但只能小有成就，很难做大。

20世纪八九十年代是中国零售行业的黄金年代，在我家乡，就有两兄弟，从市集摆摊起家。哥哥做人实诚，也不太懂得变通，几年来都专注卖衣服，但随着干这一行的人越来越多，利润也越来越薄。弟弟的脑子更灵活，流行什么，什么好卖，他就卖什么。他赚得更多，身家慢慢把哥哥甩在了后头，甚至一度有些看不起这个有些不知道变通的哥哥。

但弟弟从未深耕过某一个行业，所以并不总是能找到第一手的供应商，难免会被中间商赚走差价。这意味着，他需要更高的利润，需要不断找到风口。时间久了难免失手，几批货物压在手里，流动资金渐渐紧张，到最后，反而需要哥哥施以援手帮他渡过难关。

而哥哥呢？从找中间商批发衣服，到找工厂合作直销，再到自己开工厂产销一条龙，然后打造自己的服装品牌。如今更紧跟潮流走电商路线，屡屡打造女装爆款，生意欣欣向荣。在这个服装行业不好过的冬天，依然迎来了自己春暖花开的时节。专注自己擅长的领域且不断耕耘，这恐怕是多数人成功的模式。

近朱者赤，近墨者黑

世界上有两种人：一种是加持你能量的人，另一种是消耗你能量的人。讲负面太多等于自废武功，听负面太多等于中毒身亡。所以，主动远离和删除一切消耗你能量的人、事、物，应该主动接近和链接一切加持你能量的人、事、物。这样你就会一日千里！因为一切外在结果都是内在能量的自动显化！人生若没有高度，看到的都是问题。若没有格局，看到的都是鸡毛蒜皮。

巴西是世界上贫富差距最大的国家之一，这里的贫民窟堪称地狱，生活在这里的人们几乎一无所有，除了黑帮、犯罪、毒品、死亡。在以往，贫民窟里面的孩子，如果擅长踢球，就有可能成为一名足球运动员；如果长得好看，那么成为一名超模也是不错的志愿。出身贫民窟的世界顶级球星与顶级超模不在少数，但如今，这两条道路也在逐渐收窄。

因为贫民窟的孩子们，每天面对的就是各种负面的东西，想要在这样的环境之中出淤泥而不染，实在太难。

环境对人的影响实在太大了，为了给孩子一个读书的好环境，寡居的孟母不惜三次搬家。每个人站在不同的角度，看到的世界截然不同。

言为心声，声即人品

> 言语不善，就是行为不善，你天天骂人还说我对你好着呢，就是骂你而已，哪有这道理，言语不善本身就是行为。言语也是一种行为，所以要学会说中听的语言。

一次演讲的时候，主讲人说："言为心声，我从来不相信什么刀子嘴豆腐心。你说什么样的话，就是什么样的人。但凡刀子嘴的，都有一颗刀子心。"我深以为然，语言折射出来的正是你的心念。所以，说话要讲究方式方法，伤人的话要尽量少说，即便，你是为他好。毕竟，无论你的初衷再好，刀子就是刀子，它划开的伤口是实实在在的。

语言是思想的体现，一个人所说的话，能表达他内心的思想，我们从一个人所说的话中，可以看出这个人的为人。有的人说话诙谐，通常为人处世也幽默；有的人开口便伤人，行为处事也往往偏激；有的人一开口就是让人如沐春风的君子；而有的人，即便装得再像，也掩饰不了他小人的本质。从一个人说的话，就能看出一个人的风格和品行。这一点，即便是再多掩饰，也是没法伪装的。

没有做不到，只有想不到

> 心想事成：凡是办不成的，大多数都不是外在原因，而是自己不想办成。凡是你想要办成的，你就有千般办法。凡是你不想办成的，你就有万条理由。

我年轻的时候，流行一句话："只要思想不滑坡，办法总比困难多。"后来人们总是反思，那个年代过于强调主观能动性，在"人定胜天"的路子上走了太远。我却不这么觉得，心想事成从不是什么唯心的讲法，而是一种朴素的唯物主义辩证观。我们不应该问路在哪里，而应该问自己要去向何方，找到了目标，就沿着正确的路走过去吧，总有一天你可以抵达。没有路也别慌张，路就在你的脚下，逢山开路遇水搭桥，路是人走出来的，如果没有路，你就用自己的双脚踩出一条路。并不是所有的方向，都可以前人栽树后人乘凉。哪一天你成为先行者，那么你就得成为走在最前面的人，而在最前方，通常是没有路的。

人都是有惰性的，当一件事情看起来很难的时候，绝大部分的人都会选择放弃。因为放弃会很轻松，放弃也永远比奋斗容易。譬如搬山，大多数人的第一反应是不可能。而想要做成这件事的人，会计算土方和工程量，然后在工作的过程中改良方式方法和工具，甚至于推进生产力的发展。只要坚定信念下定决心去做，你就总能找到一条路可以抵达。

厚积才能薄发

人生就好比开了一个银行账户，每个人都要学会储蓄。

你若耕耘，就储存了一次丰收；你若努力，就储存了一个希望；你若微笑，就储存了一份快乐。你能支取什么，取决于你储蓄了什么。没有储存友谊，就无法支取帮助；没有储存学识，就无法支取能力；没有储存汗水，就无法支取成长。想要取之不尽的幸福，就要储蓄感恩和付出。

世界上没有无缘无故的爱，也没有无缘无故的恨。很多时候，我们今日收获的果，都是昨日种下的因。种善因者得善果，种恶因者得恶果。

在你需要帮助的时候，有人愿意伸出援手，可能是因为他的善良，也可能是因为你过往的所作所为，让别人觉得，你是一个值得帮助的人。你愿意传递一份善心，那么拥有善心的人，也会聚集在你的周围。

如果你在遭遇困境的时候，被落井下石，那么在愤怒和抱怨之前，该好好想想，你往日有哪些地方做得不够好。如能反思，并吸取教训，那么亡羊补牢为时未晚，下一次，你能筑就更坚定的基石。

寒窗苦读的人，收获一个好的学校；坚持锻炼的人，收获一副强健的体魄；喜欢交友的人，人脉遍四海；喜欢独处的人，思虑更深刻。你的一切行为，在经过复杂的映射之后，都将产生对应的结果。你的付出如果没有回报，那么相信自己，这份回报只是来得晚一些而已。

只要人是对的，世界就是对的

杏月

思维模式与吸引力法则：

以正面思维去理解和包容一切现象，这个世界回馈给你的也是正面的东西。我们只要以正向积极的思维去对待一切事情，以感恩之心去接受外在的一切，如此心就是柔软的，幸福的，乐观的。正向思维的思考模式对养生有极大的帮助，因为正向所以乐观，不会去关注负面的消息，接受的自然也是正能量的人和事物。

在我的家乡有一位老人，活了一百多岁，是远近皆知的"人瑞"。不乏有人问他长寿的秘诀，老人家却乐呵呵地说："眼不见为净。"

何谓"眼不见为净"？老人家如此解释：譬如邻居家出了一桩隐私事，如果是寻常乡人，必然是趋之若鹜，毕竟看八卦也算是人之天性。但窥探别人的隐私，讨论别人的短长，其实只是在浪费时间，于己无益，甚至有害。你可能会被恼羞成怒的邻人追打受到些皮肉之伤；你可能会因为意见不合与乡人争辩，徒费口舌不说，说不定还收获一肚子的怨气；你甚至可能会怀疑自己家里也出现了这样的事情，疑心病一旦发作是好不了的。故而古人才教我们"非礼勿视，非礼勿听"。

相由心生，一个人见的恶多了，纵然自己不曾为恶，但人也难免变得阴鸷；而如果一个人常常沐浴阳光，那么他通常也会变得温暖起来。你接受的都是正能量，又怎么会充满负能量呢？

忍人所不忍，能人所不能

一个人，要想成大事，需要到"三忍"和"三不忍"，否则一事无成。
一、可以忍失意，不能忍失志。
二、可以忍羞辱，不能忍自辱。
三、可以忍平凡，不能忍平庸。

    "忍"字头上一把刀，不是伤人，便是伤己。有时候，你的隐忍是退让，是退一步海阔天空；是在沉默中孕育爆发的力量；是把拳头缩回去，才能打得更重。无关原则的时候，你可以忍，这是一种大度，是一种涵养，是一种策略，也是一种城府。但关乎原则的时候，你不可以忍，到了底线处，你退一步便是万劫不复；退一步，便会一再让步；退一步，你便会从此平庸，不再有少年人的锋芒和锐气，从此失去了实现梦想的勇气。

    人生得意，也难免有失意，起起落落不就是常态，只要志不改易，重新振作，成功不过是或早或晚的事情。赞誉毁誉，荣耀羞辱，其实不过是拂面清风。你不轻贱自辱，尊严就常在。多数人的一生都是平凡的，金字塔的顶点就这么大，没几个人能站在最高峰。但你不能因此而自暴自弃，甘于平庸，在平凡中创造不平凡，是我等凡人来过这世界的证明。

    以忍修心，内心的强大，将锻造一个百折不挠的你。一次次撞到头破血流又怎样？撞破了南墙，便是一片新的天地。人人都可以做哥伦布，只要你能忍受发现新大陆前，漫长的煎熬。

东山再起者方显英雄本色

衡量一个人的成功标志，不是看他登到顶峰的高度，而是看他跌到低谷的反弹力！

成功也许是一件偶然的事情，但在失败之后，重整旗鼓，再创辉煌的人，成功对他们来说，已经不是一种偶然，而是一种必然。

年少得意的人不在少数，他们往往是一个领域内的"神童"，从小在无数赞誉环绕中长大，一路上都顺风顺水，别人用一辈子都未能取得的成功、抵达的高度，对他们来说似乎是唾手可得的。他们被夸赞着"年少有为"，仿佛所有的成就都来得理所当然。但我却并不看好这一类人能笑到最后。不曾经历过挫折，就是他们的硬伤，在面对失败的打击时，他们的抗打击能力往往连常人都不如，极易一蹶不振，从此沉沦。

失败并不可怕，只要你还有"再战一回"的心气，那么失败不过是让你在得失之间更好地看清自己，这将夯实你的基础，让你筑起更高的楼。人生的大起大落，你都已经历过；前方的路上还有多少风雨，能够让你感到畏惧？

能忍受多大委屈就有多大成功

> 坚定前行，没有时间能让你倾诉。成长不是把嘴上的委屈分享给不懂的人听，而是把内心的苦水学会往肚子里咽。

动物园里有一群猴子。一天，小猴子受了伤，它把伤口展示给其他猴子看。其他的猴子都觉得很新奇，一个个来拨弄小猴子的伤口。小猴子的伤口就再也没有愈合，直到奄奄一息，才被饲养员抱出了铁笼，隔离开来好好修养。

一只年轻的公猴去挑战猴群的猴王。年轻的公猴身体强壮，但比起斗争经验丰富的老猴王还是太嫩了，它败下阵来，还受了伤。但它并没有和小猴子一样到处展示自己的伤口，而是躲在笼子的角落里，为自己舔舐伤口。

笼子外面，孩子问我，两只猴子的做法，为什么有那么大的区别。我想了想，告诉他："在你小时候，你和别人诉说委屈，就能得到安慰；而当你长大了，你和别人诉说委屈，却只会得到不怀好意的窥探。小时候，受一点点伤，都会歇斯底里痛哭流涕；长大了，受了再多的委屈，也只能打落牙齿往肚里吞。"或许，这就是成长的代价吧。

熬苦成器，炼心为锋

在人生道路上，你终究要一个人经历所有的黑暗，熬过所有的苦，承受生活中所有的痛。所以，请收起你的玻璃心，踏实前行。因为成年人的生活里没有容易二字，没有谁的职场不委屈，也没有哪份工作不辛苦。

杏月

世界卫生组织的一份报告表明，在东亚三国（中国、日本、韩国），人们会在社会中感受到更大的压力，自杀率相对较高。有人归咎于东亚三国社会内卷，但要我说，其实，在这个世界上谁活着都不容易。如果你觉得轻松，那只不过是因为有爱你的人，在替你负重前行。

小时候，我们多数是快乐的，因为有父母为我们遮风挡雨。长大后，我们需要自己去面对真正的风雨，于是我们就变得艰难了。为人父母会更难，上有老下有小，一家子的生计都压在你的身上，你又怎么能觉得轻松？

背着房贷、车贷，四十来岁，有父母妻子儿女的中年人，最担心失业的问题。他们通常是公司之中最容易被压榨的对象，即便压上更多的工作，他们也往往敢怒不敢言。而刚刚踏入社会的年轻人最容易跳槽，他们没什么负担，可以得到父母的资助，还没有正式进入自己的社会角色。但他们迟早会变成前一种人的，他们会受到委屈，也会在面对无止境的工作时丧气，玻璃心碎了又粘起，千锤百炼之后变成钢铁之心。熬过职场的苦难，方能破茧成蝶成为一名职场精英。

芝麻开花节节高

> 在职场最初的探索和上升期间,你需要像海绵一样在自己的岗位和领域里,吸取水分和营养。这样,你才有资本和底气更好地过渡到职场更高的阶段。

为什么在上学的时候不分轩轾的两个人,在走出校门进入社会踏入职场以后,会迅速产生差别?公司招募了两位实习生,同一所大学毕业,履历也相差无几,都是零基础进公司的新人,我们对他们也比较宽容,很多时候即便出了错,也是帮忙补救。半年之后,两个人的差别就相当明显了。小贾仍然是刚进公司的样子,长进相当有限;小易却已经成为项目组的骨干,展现出的能力让老员工都啧啧称奇。

差距在哪里?两个人都会按时完成自己的工作,但对于其中的错误,小贾会等着组长上前跟他讲,比较被动;而小易则主动向前辈请教,并且在专业网站上查找资料,出现一次的错误,基本不会再出现第二次。而在工作的八小时之外,小贾把更多的时间放在了游戏娱乐上,而小易则报了一个班,准备考证。显而易见,即便如今两人的差别还不算大,但假以时日,小易会成为职场精英,而小贾只会是普通职员。

初入职场的年轻人,职场试炼期,其实是你们获得职业成长的最好机会。你们应当如同海绵吸水一般,为自己积蓄在职场上打拼奋斗的一切资本,这样,才能有资本和底气,向着更高阶段发起冲击。

受得了出众，受不了出局

《艺术人生》节目中主持人问刘若英："为什么你总能给人一种温和淡定，不急不躁的感觉，难道你生活中遇上难题的时候也不会很气急败坏吗？"

刘若英回答："那是因为我知道，没有一种工作是不委屈的。"

我们对于权力的最大想象，大概就是中国古代封建社会说一不二的皇帝了。但皇帝其实是一份高危职业。历数中国古代的皇帝，他们的非正常死亡率高达44%，平均寿命不到40岁。"普天之下，莫非王土；率土之滨，莫非王臣。"听上去很威风？但中国历史很长时间都在打仗。作为一个皇帝，纵然无须亲临前线，也得面临着打败仗的坏消息；或者打赢了，国家的财政却濒临破产的局面。如果不幸被敌人、叛军打到国都，那么还有被俘虏做亡国之君的风险。纵然生活在和平年月，做皇帝的也不一定大权在握，权臣、外戚、宦官、藩镇、党争……一个个都能让你头疼。摊上个胆大妄为的，说不定还没等你长大亲政，就被杀了换人。就算真的大权在握，但身在深宫之中，也难免被人蒙蔽。道光皇帝以身作则提倡节俭，但宫里吃一颗鸡蛋却被讲要30两银子；补个裤子更是要上千两雪花银。为啥？因为有内务府这个中间商赚差价！皇帝都这么不容易，何况是平凡人呢？没有工作是不委屈的，但你还是要用笑脸来迎接生活！

聪明出于勤奋，天才在于积累

> 在天才和勤奋两者之间，我毫不迟疑地选择了勤奋。它几乎是世界上一切成就的催产婆。

在加拿大，医生的收入水平非常高，但与之相对应的，医学生的学费也很贵。但比起学费，更让人望而却步的，其实是医学生的毕业率。所以，敢于接受挑战的学生不乏天才。一项调查表明，最终拿到毕业证成为一名医生的，反而是入学时拿到 Normal（普通）评价的学生更多一些。

为什么？相对于随随便便就能拿到 A 的天才们，普通人更有危机感，于是他们把更多的时间花在了学习、实验和论文上。他们是被称为勤奋的那一挂，即便被嘲讽只能成为家庭医生而做不了专科医生，但最终的毕业率却打了对普通人不屑一顾的天才的脸——相对于在最后一年才幡然醒悟奋起直追的天才们，笨鸟先飞的普通学生，已经扎扎实实一步一个脚印完成了论文，拿到了 offer。

所以，在天才和勤奋之间，我宁愿选择勤奋。拥有更高起点的天才不一定能够成功，但奋斗在通往成功的道路上百折不挠的人，胜利在终点向他们挥手。

物竞天择，适者生存

> 物来则应，事过不留。能够生存下来的物种，并不是那些最强壮的，也不是那些最聪明的，而是那些对变化做出最快反应的。

在地球生命的演化过程中，曾经出现过很多让我们至今慨叹的庞然大物，海中霸主金厨鲨、沧龙、蛇颈龙；行走之间地动山摇的地震龙、马门溪龙、梁龙；天空中的风神翼龙……俱往矣，这些曾经霸占地球海陆空的霸主们，如今埋藏在久远的地质年代，只留下不多的痕迹，供我们凭吊和怀念，感叹生命的神奇。

物种演化，从来都是适者生存。在环境剧变的年代，能够活下来、不被灭绝的，从来不是最强壮、最凶残的，而是最能适应改变的。在恐龙生存的年代，只能在林莽之下落叶堆积的腐殖质下苟延残喘的小小哺乳类，却因为能够随着环境的变化而做出改变，从而演化出亿万类目，占据了如今最主要的生态位。

在西方，资产阶级革命到来的时候，面对社会生产力改变导致的政体变革，选择对抗的国王被送上了断头台，违逆时代潮流的千年贵族亦有可能没落。

所以，当时代浪潮滚滚向前，我们能做的，不是螳臂当车，而是投身潮流，顺势而为，改变，才能适应；适应，才能生存。

苟日新，日日新，又日新

> 勤勉是幸运之母，上天对勤勉给予一切。
>
> 就趁今天去做吧，因为你不知道明天可能对你有多不方便；一个今天抵得上两个明天，能在今天做的切莫留待明天。

悲观者活在过去，空想家活在未来，而明智的实干主义者活在今天，以今日的奋斗，期盼明天的硕果累累。你的努力不会白费，你的汗水不会辜负，你今日的耕耘，换来了明日的丰收。荒芜的田野不经开拓，又怎能产出粮食？

譬如上古之时，有人幸运地找到一片丰产的果林，食物俯仰可得，剩余的时间便载歌载舞，及时行乐。冬天的时候，便困于饥寒，就此湮没于历史的长河。

而华夏的先民，筚路蓝缕，以启山林，向森林要地，问江河要水，采山石炼出五金，将铜铁铸为刀剑和犁铧，驱逐猛兽，畜养六畜，几千年，方有如今中华民族的广袤疆域。这一切从不是上天赐予，靠的是自己的努力。

你能把握的只有今天，最可靠的改变未来的方式，也只有在今日、在当下的努力而已。你永远不会知道明天和意外，哪一个会更早到来。但如果在今天做好了准备，你就有更大的底气，去迎接明天未知的挑战。

世上无难事只要肯攀登

> 立志是事业的大门，工作是登堂入室的旅程。只有在那崎岖的小路上不畏艰险奋勇攀登的人，才有希望到达光辉的顶点。

杏月

对于商人而言，研发是一门高投入、高风险、高回报的"三高生意"，守成的商人看到了第一个"高投入"就开始犹豫，稳重的商人在看到"高风险"时选择退缩，唯有赌徒式的商人，看到了"高回报"而选择梭哈一把。如果一名商人在深刻了解了其中风险之后，仍然选择"明知山有虎，偏向虎山行"，那么，他一定是一名不凡的商人。他的公司，一定是一家不凡的公司。

华为每年把一大笔钱投在研发上，从硬件到软件，从芯片到系统。也许自研的芯片性能一时半会儿比不上老牌厂商，也许自研的系统永远只能存在于内部试验机上；但即便是只能做备胎，也要防备着哪一天供应链出现问题，随时可以顶上。

自主研发是华为的一条路。华为的麒麟芯片，一开始的时候只能用在低端机型上，而且还伴随着居高不下的差评率。但华为的坚持是有回报的，随着麒麟芯片的迭代，追赶主流芯片厂商，甚至被应用到旗舰机型上，也丝毫不会逊色、不会成为短板。

所以，当华为在遭遇供应链危机时，随时能够用自主知识产权的芯片和系统替换上线。而倘若没有之前的投入和积累，如今华为将要面对的，会是完全不同的局面。

努力，结果随缘

> 如果说最后我们一定要屈从于现实，那我也想在屈从前用力地扑腾一下，即使知道结果。但如果从来没有努力过，那么连说遗憾的资格都没有。

以概率而论，这个世界上的大多数人，一辈子都不会有什么成就。但这不是我们躺平做咸鱼的理由，哪怕最后真的成了咸鱼，腌入味之前，你也得挣扎一下。

人生就在于折腾，如果你的人生只是按照寻常人的轨迹走，读书、上学、工作、退休……那么这一辈子，你恐怕看不到别处的风景。人生这条路，有时候你就该有勇气、有胆气，去走一走大道之外的路。这一条鲜有人走的路，或许会有不一样的风景。或许你可以去尝试走自己的路，看别人未曾看过的风景，甚至发现一个见所未见的世界。也许这条路，你走通了，你就是荣耀加身的先行者；纵然你失败了，不得已重新回到原来的路，你所拥有的这段独特的历程，也将为你的人生，增添一抹不一样的色彩。

去折腾，让你平凡的人生有另一种可能；去折腾，纵然成功的希望渺茫，你也更应该谋一个死中求活的希望。也许你终究要在命运面前低下头颅，但请记得，在最后的时刻降临之前，请挺直你的脊梁。即便在绝境之中，你也应该扑腾一下，而不是认命等死。万一成功了呢？即便最终失败，也至少，可以不留遗憾吧。

一切皆有可能

> 信心愈用愈多，除非你愿意，没有人能破坏你对任何事情积极行动的信心。

海伦·凯勒说："信心是一种心境，有信心的人不会在转瞬之间就消沉沮丧。"

没有天生的信心，只有不断培养的信心，在真实的生命里，每桩伟业都由信心开始，并由信心跨出第一步。信心是通往成功路上最重要的筹码，没有信心，纵然你依然能抵达终点、获得成功；这成功也必然会来得更坎坷一些。信心驱使着我们在通往成功的路上一步一个脚印地前进；我们越过高山低谷，踏过荆棘泥泞，纵然未曾抵达既定的目标，但每一段走过的路都是一次征服，让我们获得更多的信心和勇气，在这条路上，继续走下去。

在通往成功的路上，没有人可以逼你放弃，除了你自己；没有人能够让你失败，除非你放弃。一时的挫折并不可怕，只是通往成功的道路比较曲折而已。只要你没有放弃，依然坚持走下去；那么，所谓的失败，不过是成功来晚了一些而已。

维天有汉，鉴亦有光

> 要散布阳光到别人的心中，先得自己心中有阳光。要想别人接受你的想法、观念和意志，你得自己心中充满了正能量。

罗曼·罗兰在《约翰·克里斯多夫》一书中写道："一个人若想播撒阳光，先得内心拥有阳光！"

想要温暖别人，先得温暖自己；怀有善心的人，才能给周围的人以善意。这个世界是你的心创造的世界，你心中有阳光，阳光就在那照耀；你心中有鲜花，鲜花就在那盛开。在那高高的天上，阳光射出万道光芒，当太阳缓缓西下，黑暗便笼罩四方，可是那黑暗不久长，因为月儿会悄悄东上，把光明洒下穹苍。即使没有太阳也没有月亮，朋友啊，你们不要悲伤，因为细雨会点点飘下，滋润着万物生长。这个世界就是这样，只要你心里充满希望，人间处处，会有天堂。

心若在，梦就在

> 人，不在于你的起点，而在于你是否有目标，更在于你是否坚持自己的目标，心在哪里，结果就在哪里，一切在于自己。

从哪里出发并不重要，重要的是你有没有想要去往的地方，重要的是你有没有找到自己的方向，重要的是你有没有下定决心出发，重要的是你有没有坚持到底而非半途而废。

跑马拉松的人说，他们眼里的对手，其实就只有自己。这漫长的道路上，每个人都在和自己作斗争。也许一开始的时候，你并不能坚持跑完全程，但那又怎样呢？每多跑了一步，你就战胜了上一刻的自己。你积累的每一步，你付出的每一滴汗水，你忍过的肌肉酸痛，你喘气到肺痛……是啊，好难好痛苦，但是你坚持下来了，你就脱胎换骨了。这种改变并不止于躯壳，更在于你被淬炼过的灵魂。

很多时候，心灵的强大更胜于躯壳的强大。再强健的身体，也会被钢铁的刀枪和子弹打碎；但坚韧的灵魂却不会因为任何外因而屈服。你不屈的灵魂，在很多时候，都将带给你来之不易的成功。

不积小流无以成江海

> 要使理想的宫殿变成现实的宫殿，须埋头苦干，不声不响地劳动，一砖一瓦地建造。

有梦想，谁都了不起。

费尔迪南德·薛瓦勒，出身贫穷，早年辍学，31岁才谋得一份乡村邮递员的差事，每日奔波在32公里的投递路中，几乎注定一生碌碌无为。直到某一天，他被一块石头绊了一跤，并生出一个念头：要用这块石头，搭建一座属于自己的城堡。以后的每一天，他都会捡一块他认为漂亮的石头带回家。家里有多少钱，就买多少水泥砂浆，运石头、搭木架、和水泥、城堡构筑，都是他一个人。每一块石头都要考虑，寻找它最好的位置。1904年，他偶然在一首诗中看到"你的理想，即你的宫殿"，于是薛瓦勒便将城堡命名为"理想宫"。这座"理想宫"在1912年竣工，如今已是法国著名的旅游景点。1924年8月19日，费尔迪南德·薛瓦勒平静地走完了自己的一生。作为一名邮差的、平凡的一生；创造了自己心目中完美宫殿的、不凡的一生。1969年，理想宫被批准成为文化遗产，法国还专门为此发布纪念邮票。

理想宫或许只是一个门外汉并不完美的"杰作"，但一个人用半生的时间，执着地去做一件事情，或许，才是更了不起的。如此完美的宫殿，也是一砖一瓦搭建起来的；再遥远的理想，一步一步走下去，也终究会有抵达的一天。

人生就是你一个人的战斗

> 人生的旅途中，你总有那么一段时间，需要自己走，需要自己扛。每件小事都尽心尽力而为，这就是成功的秘诀。

杏月

在这个世界上，每个人都是独立的个体。每个人都有自己的人生，每个人都有自己的生活。生活是你自己选的，路是你自己走的；你的人生只能靠你自己，能陪你走到生命尽头的，也只有你自己。

不管是谁，总有一段路要自己走。没有人会把你看得比自己的生命更重要，你的人生，只能靠你自己。每个人活着都不容易，每个人的路都不平坦，你累，别人也不比你轻松。自己的苦，要学会自己尝；自己的累，要学会自己扛；即使生活充满坎坷磨难，你也要有永不言败的信心。

你不勇敢，没人会替你坚强；你不坚持，没人会替你努力。再高的山，一步一步爬，总能爬上山巅；再远的路，一步一步走，总能抵达终点；再宽阔的海，总有一艘船可以泅渡；再高远的天空，总有一天，也会被人们征服。积累小胜成大胜，从点滴小事开始，尽心尽力去做——相信自己，你会成功。

舍得，才一切皆有可能

> 人是不能太闲的，闲久了，努力一下就以为在拼命。
> 一个人如果不逼自己一把，永远不知道自己有多优秀。

间隔年，在两份工作的间隙，用一年的时间做自己想做的事情。有人觉得如此劳逸结合，才能更好地工作。然而，除了少部分人，在这个间隔年中成功地提高了自己，多数人都会在这一年之中"坏掉"，和职场脱节，不能很快适应工作还是其次；错过了升职加薪的机会，其实也不算致命；关键在于，心态变了，他们不再安于工作，很多时候自以为很努力了，在别人看来，却只是稍微认真了一点。

人不能闲着，退休后继续寻找兴趣爱好的老人通常会比较长寿；而生活不规律，找不到目标，一直懒懒散散的老人，却更容易被各种疾病带走。有人会怀念自己工作时的匆忙，因为他们发现，工作，能让他保持更好的生理、心理状态。

活鱼逆流而上，死鱼随波逐流。在给员工做演讲的时候，我讲过这样一句话："真的很累吗？累就对了，舒服是留给死人的！苦，才是人生；累，才是工作；变，才是命运；忍，才是历练；做，才是拥有！"如果，你感到此时的自己很辛苦，那就告诉自己：容易走的都是下坡路，坚持住，因为你正在走上坡路！不逼一下，你怎么知道，自己还有多少潜力可以挖掘；不逼一下，你永远不知道，自己究竟有多优秀。

活在当下，不畏将来，不念过往

> 真正的智慧不是预知未来，而是知道现在，享受现在的一切，不必担心现在和将来。

杏月

山的这边和山的那边，各有一个从温暖的南方迁徙过来的部落。山这边的部落叫腾蛇；山那边的部落叫青雀。有一个晚上，两个部落的巫，都做了一个梦。梦里，青翠的树叶和草叶都会变得枯黄憔悴最后凋零，白色的恐怖将覆盖大地，末日降临。

腾蛇部落的巫，醒来后非常恐惧，祭祀并没有得到天神的回应，恐惧逐渐占据腾蛇部落每一个成员的内心。他们惶惶不可终日，有人忧惧而死。最终，在冬天来临的时候，饥寒交迫的部落，被大雪埋葬。

青雀部落的巫，醒来后一如平常，他召集部落的狩猎者，让他们带回猎物的皮毛；在秋天果实繁茂的时候，让采集者们带回更多的食物，以及容易燃烧的枯枝。当冬天终于来临的时候，青雀部落的成员，围着熊熊燃烧的火堆，裹着厚厚的皮毛，吃着秋天攒下的食物，平安地度过了白色的冬日。

如果困难一定会来，那么迎接它的最好的方式，是尽自己全力，活好当下的同时未雨绸缪。

行动就是撸起袖子加油干

> 时间，抓起了就是黄金，虚度了就是流水；书，看了就是知识，没看就是废纸；理想，努力了才叫梦想，放弃了那只是妄想。努力，虽然未必会收获，但放弃，就一定一无所获。再好的机会，也要靠人把握，而努力至关重要。放手去做、执着坚持！

  每个人的一天都有 24 小时，但同样长度的 24 小时却并不等价。原因在于，有人合理利用了每一分每一秒的时间，好好工作、好好学习、好好娱乐也好好休息；而有人，只是看着时针，在表盘上走过了两圈。

  同样一本书，对于不同的人，也是不同的。有人从中悟出了道理，有人从中获得了知识，有人从中找到了方法，有人从中觅得了商机。但在有些人面前，只是一些让人头大的笔画和字母，从新书到废纸，他们收获的只是大幅度的贬值。

  梦想坚持到了最后，才会迎来收获；所有半途而废的理想，只能成为遗憾。努力并不等价于成功，放弃会让你很轻松。但前者代表着纵然只有一线的希望，后者却是看不到底的深渊。

  当你抓住了一个机会，千万别放手。我们不是上苍的宠儿，有着挥霍不完的运气。如果这是你这辈子仅一次的幸运，那为什么选择放手呢？也许坚持很难，但记得，你坚持的样子很美，你坚持的未来很美好。

人生越努力，才能越幸运

> 人最大的对手，往往不是别人，而是自己的懒惰。
>
> 别指望撞大运，运气不可能永远在你身上，任何时候都要靠真本事吃饭。
>
> 你必须拼尽全力，才有资格说自己的运气不好。

你所有的对手，都只是你在某一个领域、某一个人生阶段的对手。他们也许会被你战胜，也许会是你无法超越的存在，但没关系，他们只是你人生的过客。他们从来不重要，你输给了他们，这只是一时的失意；你赢得了比赛，也只是暂时的点缀。毕竟，这一辈子，自始至终其实只有一个对手，那就是，你自己。

人这一生，总有些事情要努力去做，总有些梦想要拼命去追，无须计较得失，只求一生无悔。小时候摔跤，总要看看周围有没有人，有就哭，没有就爬起来。长大后，遇到不开心的事，也要看看周围有没有人，有就爬起来，没有就哭。已经选择的路，就要坚持走下去，路上的艰辛，无须抱怨。只有真正努力过了，拼尽全力了，你才能对失败无怨无悔；然后，开启下一次的拼搏奋斗。你努力了，却没有成功；别担心，只是成功迟到了而已。

吃得苦中苦，方为人上人

"吃苦"其实是一剂良药，年轻人千万不要拒绝。你看，家里精心种植的花草常会莫名其妙地枯萎，而野生的植被不管旱涝却总能保持郁郁青青的活力。过于顺利的成长和过早成名，像一颗裹着巧克力的慢性毒药，消解了人的意志，迷惑了人的心智。

有些动物园，会做动物野化放归工作。我有幸为这项事业做了一些微不足道的贡献，也对这项事业，有了一些不算深刻的了解。

我们都以为，动物的野性是天生的，其实不然。动物园里豢养的动物已经失去了野性，往往不像它们野外的同类一样，对环境充满警惕之心。即便是一些半放养的野生动物园里的猛兽也是如此，人造的、太过安逸的环境，让它们在面对真正危险的野外环境时，总是缺乏足够迅速的反应。故此，在世界范围内，各类动物的野化放归工作，进展都不是那么顺利。即便经过了唤起野性的过程，这些动物在真正放归之后，存活率也相当堪忧。

人也是一样的，生活在安逸平和的社会中的人们，对灾难总是缺乏警惕，也缺乏应对灾难的心态和准备。所以有时候吃点苦、吃点亏，其实反而是一件好事。经历过风雨的孩子，才能更加茁壮地成长。吃过苦的人，才更懂欣赏生活的美好。

只有悟透了才能做得更好

没有明白的记住是可惜；
没有坚持的正确是可悲；
没有能力的承诺是可恶。

儿子初中的时候，一次期中考试考砸了。成绩下降、排名退步，这些还只是小事。关键是老师反馈，孩子上课的时候注意力不集中，总是走神。布置的家庭作业，虽然填得满满当当，批改时却看得出来有些敷衍，且做得匆忙。成绩出来，老师约谈，联系家长，一套流程下来，儿子也算是诚恳地认了错，并承诺之后会认真学习，期末的时候，会考年级前十。自然，期末的时候他并没有做到。于是，他再一次例行公事一般地认错，然后承诺下学期一定可以做到。这一次，我发了火。

他错在哪里？

第一，没有明白的记住是可惜的。他觉得自己知道自己成绩退步的原因：玩游戏，并一直承诺之后会减少碰电脑的时间，并且即便开电脑，也是用于学习而不是游戏。然而，他真地明白他的成绩和电子游戏之间的关系吗？导致他成绩下降的原因，并不是他打游戏，而是把学习的时间、精力、心思，放在了打游戏上。正如我们管他玩游戏的时候他狡辩的那样：班级里成绩最好的男生也在玩游戏。玩游戏并不是一种罪过，归根结底，只要没有沉迷、耽误正事，那么游戏也不过是一种和听音乐、看电影、读小说一样的休闲方式罢了。

第二，没有坚持的正确是可悲的。他可以制定出一份不错的学习计划，甚至也知道自己学习上的薄弱环节在哪里。但是，他无法把一份学习计划持续地执行下去，三分钟热度，不超过两个礼拜，这份计划就不知道被丢到哪里去了。再好的计划，不能执行，留在纸面上，也是一无用处。

第三，没有能力的承诺是可恶的。他总是一而再、再而三地对我们承诺一个很高的目标，但是从未考虑过，自己是否能够真的实现。我相信努力可以创造奇迹，但是，我们也要明白自己的能力所在。或许在持续付出倍于他人的努力后，他确实有可能达到那样的成绩。但，这不是短短半学期的时间，就能实现的。空许一个完不成的承诺，这是一种非常可恶的行为。

桃月

繁花似锦,
故人西辞黄鹤楼,
烟花三月下扬州。

市场经济的本质即剩者为王

> 老鹰喂食不是依据公平的原则,而是喂抢得凶的那一只小鹰。瘦弱的小鹰吃不到食物会饿死,不惧一切困难与挑战的小鹰会存活下来。人们将这种的现象称之为"老鹰效应"。现实生活中,人们都会遇到大大小小的困难,而我们要把每一次困难,当成磨炼我们成长的最好机会。

在全球制造业领域,一直有这样一个很有意思的定律:一旦中国的企业涉足一样产品,只要让它在这个行业站住脚,那么这类产品就会很快降到白菜价。为了守住高额利润,很多国外的公司都会制造专利护城河,并且拒绝给中国的企业专利授权。而中国的企业想要在高科技领域,绕开已有专利限制,就需要另起炉灶,建立起一套另外的专利体系。但产品标准又握在别人手里,合不合格,采不采购,用不用,都由别人决定。

这就好比一个学生,想要考邻国的大学。教材不同,考纲不同不算,对方还限制你用不同的解题思路,完了作为判卷方,却和你的竞争对手有利益关联……如此艰难的局面,使得中国企业在高科技领域的每一场突围,都无比艰辛。

但是,所有从这种惨烈竞争中突围的中国企业,一旦立足平稳,就能成为行业的佼佼者。其实各行各业都是如此,做人亦如此。固然,惨烈的竞争会淘汰很多人,但能够在这种竞争环境下生存下来的,哪一个不是强者?

找对风口，选择大于努力

一粒种子，可以无声无息地在泥土里腐烂掉，也可以长成参天的大树。一块铀块，可以平庸无奇地在石头里沉睡，也可以产生惊天动地的力量。一个人，可以碌碌无为地在世上厮混日子，也可以让生命迸发出耀眼的光芒。

桃月

没有谁生而不凡，就算是太阳，也要燃烧自己，才能放射出光芒。

没有谁注定普通，就算是煤炭，也能燃烧自己，一样放射出光芒。

芸芸众生，每个人来到世界上，都是一个新的开始，都是一张白纸，如何涂抹，自己做决定。瞩目的舞台上，只有寥寥无几的位置；但谁能站上这个舞台，其实是你自己说了算。不努力的人，一辈子只能做个观众，茫茫人海里，你只是一个被统计的数字，除了自己的亲朋好友，没有人会记得你。而如果你每一天都为站上那个舞台而努力，那么终有一天，你能得到上台的机会，在舞台上挥洒自己。

你的人生过得怎样，其实都是你自己的选择；选择了安逸，就没有成功；选择了拼搏，人生就再容不下懒惰。你可以成为人海之中普普通通的一个，就如同埋藏在地下的煤炭；你也可以选择成为璀璨的钻石，只要你经得起足够的压力和温度。

扎得有多深，就蹦得有多高

有些人为什么迟迟不成就，关键就是心比天高，认为自己能力大于天，但又不愿沉下来脚踏实地，专注做事，总是这件事情没完成，又想着去做另一件，于是每件事情都没有结果！如果不能顿悟到这一点，终生难有大成就。

生活再忙再累，别忘记抬头看看天空和远方，看看自己来时的路，看看自己将要去往的方向。看看天空，看看远方，看看这个辽阔的世界，明白自己之于天地的渺小，懂得敬畏。看看自己来时的路，不要忘记自己的初心，不要走歪了路。看看将要去往的方向，及时调整目标。

但更多的时候，除了仰望星空，我们更应该脚踏实地一步一步前行。成功有如甘甜美味的果实，但想要采摘到它，就要越过荆棘。这段道路，是枯燥的、乏味的、重复的，甚至是痛苦的。但，唯有忍受这样的枯燥和痛苦，日复一日，年复一年地为之努力和奋斗，我们才能抵近成功。

三心二意是大忌，人的精力是有限的，即便将所有的精力都倾注在一件事情上，都未必可以获得成功；何况是将有限的精力分散在不同的事情上？专注，是成功的第一要素。唯有专注的人，才能获得成功。

善精以业，善宽以怀

> 如果自己没有尽力，就没有资格批评别人不用心。开口抱怨很容易，但是闭嘴努力的人，更加值得尊敬。

楼上有一家广告公司，号称整栋写字楼加班最凶残的存在。一个紧急项目，就能让那几间办公室的灯光一连亮几个通宵。

前几天，在等电梯的时候，偶然听到他们的人在抱怨。连续三个通宵搞出来的方案被否决了，因为赶时间，所以有一些细节打磨得并不是很好，有一些无伤大雅的小毛病。本来是无所谓的，奈何甲方对接的市场总监是个吹毛求疵的人，就因为这些影响不大的小细节，整个方案都被否定了。抱怨的两个人是执行层的，大项目没进来，他们觉得可惜，不免埋怨了出方案的几个同事。

本来也无可厚非，毕竟方案被拒的主要原因确实是出方案的人不够小心。只是几个策划创意设计日常加班压力就大，有人早就在离职边缘，于是趁此机会选择了离职。走了几个人，剩下的人压力更大，新来的员工磨合不好，出错的概率更大，黄了两个项目之后，听着冷嘲热讽还要加班，他们受不了委屈，也相继离职。好好的一家公司，就此几乎陷入停摆边缘。

抱怨是一件很容易的事情，但袖手旁观的看客，却没有抱怨的资格。只有努力过的人，才有在失败之后得到同情的权利；而他们其实并不需要同情，只需收拾好情绪，再出发而已。

与人无尤,反求诸己

> 抱怨,永远是一种负能量,犹如搬起石头砸自己的脚,于人无益,于己不利,于事无补。

为什么遇到同样的问题,有的人成长了,有的人却因此一蹶不振?究其根本,在于人的内在力量。什么是内在力量?那就是与负面情绪相处的能力。

百亿影帝黄渤,从龙套配角到大奖肯定影史留名的蜕变,他告诉我们,与其抱怨,不如行动。黄渤因颜值不高,起初遭受很多的磨难,但他没有抱怨上天不公,没有抱怨父母没给他一张好面孔,而是不断地努力,最终达到了现在这样的高度。当你深陷抱怨中时,会忽略周遭的一切;不仅看不到太阳,还会错过漫天的繁星。

总是抱怨,会让你负能量爆棚,让别人疏远你、远离你。树叶不是一天黄的;人心不是一天凉的。纵然是最好的倾听者,恐怕也不愿意成为你宣泄负能量的垃圾桶。

抱怨从来不能解决事情,反而可能会让事情变得更加糟糕。如果事情没有得到一个期待的结局,那么你与其抱怨,不如直面。时间是往前走的,钟不可能倒着转,所以一切事只要过去,就再也不能回头。这世界上即使看来像回头的事,也都是面对着完成的。

生命在于奋斗，生活在于享受

> 只知道奋斗不知道享受的人，是苦行僧；只知道享受而不知道奋斗的人，是寄生虫。人应该既懂得奋斗也懂得享受。

桃月

比起只会埋头苦干的人，我更欣赏懂得劳逸结合的人。人不是机器，可以做到常年无休地运转；何况即便是机器，往往也需要停机维护修理。长时间保持工作状态，会让你的神经长期处于紧绷状态，身体状况亦是如此，长此以往，要么身体受不了，要么精神受不了。

做这样的人的上司、下属或者同事也会很累，人们会不自觉地和他对比，但更长的工作时间，并不意味着更高的工作效率或者更多更好的工作产出。

就像走一条漫长的路，一直走，一直走，一直埋头走，单调的重复会让你看不见希望；相反，偶尔停下来，欣赏一下路边的风景，会让你更有动力抵达梦想的远方。

做一个奋斗的人，但不要做一个苦行僧。通往成功的道路不应该是痛苦的，你埋头苦行地走完这条路，又怎么比得上一路走来一路歌？奋斗也可以很快乐，懂得劳逸结合，享受一下，又有何不可？

有一种活着叫超然物外

心若年轻，则岁月不老，无论时光如何流转，守住心中的那一季春暖花开，其实，我们想要的幸福一直都在。

逆境时抬头是一种勇气和信心，顺境时低头是一种冷静和低调。位卑时抬头是一种骨气，位高时低头是一种谦卑。

静静选择，选择该选择的，遗忘该遗忘的，是让生命若水，静静地看那流淌的一泓清澈。无论走过多少坎坷，有懂得的日子，便会有花，有蝶，有阳光。

每个人都应该在心中，保留一座桃花源。那是你梦想的映射，是心灵的避风港。在这里保留一份希望，一份初心，一份纯真与美好，一份乐观和感动。

在顺境中，存储一份乐观积极，不要因为顺风顺水而太过骄傲，记得你藏在心中最初的图景，不要偏离原本定下的道路。在逆境中，排遣一份懊恼和沮丧，如果你觉得路很难走，那么说明，你是在走一段上坡路。

人生在世，不如意事常有八九。我们无法绕过，也无法逃避。既然如此，何不欣然接受，泰然面对。其实，细细想来，人处在逆境中并不都是坏事。有时候经历些挫折，遭受些磨难反而会使自己变得更加成熟，对生活的理解也更加透彻。

有些事情，记得不如忘了好；有些人，错过未必是遗憾。与其留恋着已经错过的，并为此而追悔，不如想想将要得到的、将要遇见的。路在脚下，人生，要往前看。

苦乐本源于我心

> 我们要学着面对苦难，学着把生活中的苦酒当成饮料一样慢慢品尝，不论生命经历了多少挫折与艰辛，我们都要以一个朝气蓬勃的心情，在每一个晴朗的早上醒来。

找别人的原因，推诿己过，叹世事无常，恨命运不公。这似乎是人们在面对失败之时的天性。同样面对困境，不同的人会有截然不同的选择；但最后，抱怨的人一事无成，反思并付诸行动的人，攀上了巅峰。所以，当苦难来临的时候，要让自己做个"反思者"，而不要成为"抱怨者"。抱怨者通常会抱怨：为什么这一切发生在我身上？但反思者将逆境看作命运对自己的考验，会问自己：我能从中学到什么？

许多人总是抱怨生活多么不公平，并在愤愤不平中度过一生。

抱怨者宁可怨天尤人也不愿寻求出路。反思者无暇抱怨，而是励精图治。

抱怨者觉得命运的牌局永远都对自己不利。反思者却相信，危难之中藏着机遇，可以让自己的人生"重新洗牌"。

抱怨者在人生的道路上步履蹒跚，总是抱怨生活的重担。反思者却朝着标杆直跑，相信自己的努力可以得到回报。

发生在我们身上的事，很多都是超出我们控制范围和能力的。从这个意义上讲，人人都是意外情况的"受害者"。不幸的是，很多人不能超越受害者的心态，要知道，对于已经发生的事情，我们有机会选择回应的方式。

人生精彩，在于不可重来

> 所有人的生命都是一次性消费，对于我们每一个人都是如此宝贵，容不得我们去铺张浪费，更容不得我们去随意践踏。所以，直面人生，活在当下，这对于每一个人来说都至关重要且意义非凡。

人生是一趟单程旅行，在一列永不回头的火车上，某一站，父母将我们带上这趟列车；某一站，父母又会下车。父母并不能陪我们走完全程；余生，我们要自己走。

这趟列车，有人上来，有人下车。旅途中我们会遇到很多人，多数人只是萍水相逢；也有人会陪我们走一段，甚至一生。这段旅程充满了欢乐、痛苦、幻想、期望。美好的旅程要乘客相互帮助、相亲相爱，并要为舒适的旅程付出努力。

这段美好旅程秘诀是：我们不知道自己在哪站下车，所以要好好面对人生，活在当下，懂得调节、敢于放下、心怀包容、原谅和付出。当轮到我们要下车时，希望可以给仍在车上的旅客留下美好回忆。

从我们来到这个世界上的第一秒起，我们的生命就在不断地倒计时。所以，时间对于每一个人来说，都是不可再生的稀缺资源，永远通缩的珍贵货币。除了这一生，我们没有别的时间，所以每一分每一秒都容不得我们浪费。这一生，容不下我们浪费太多的时间去抱怨坏事，回忆过去，空想未来，而放任现在的时间白白流逝。

活在当下，是对生命最好的尊重。

认真二字，决定人生境界

> 生命是一段精彩旅程，要活得有自己的样子，而不是别人的影子。生活中认真你就输了，但坚持一直认真你就赢了。

当你拼尽全力想要实现内心的那个目标时，突然旁边的人丢一句"人生嘛，别太认真，认真你就输了！"你会就此放下目标与世无争吗？

时间是一种奇妙且公正的东西，你整天大吃大喝，时间久了就会发胖；你每天坚持锻炼，时间久了体型就会变得健美；你整天游手好闲，那么即使有万贯家财，时间久了也会坐吃山空；你勤勤恳恳地努力挣钱，日积月累也可以白手起家。因为，你做的每件事，你是否真的坚持认真做一件事，时间都看得见。坚持认真做一件事，时候到了，你自然会得到奖赏。

格拉德威尔在《异类》一书中指出："人们眼中的天才之所以卓越非凡，并非天资超人一等，而是付出了持续不断的努力。一万小时的锤炼是任何人从平凡变成世界级大师的必要条件。""一万小时定律"被无数人推崇。一个人如果愿意坚持去做一件事情，经年累月，就可以成为这一行的专家。只要你不急功近利，一步一步地坚持走下去，时间就是最好的伯乐，你想要的，时间都会给你。

探索是接近成功的秘诀

对明天最好的准备就是把今天做到最好。

今天尝试后可能会放弃,但千万不能放弃明天再次尝试。

世上有能挽回的和不能挽回的事,而时间就是一种不可挽回的事。也许不负光阴就是最好的努力,而努力就是最好的自己。得有那么一件事,你热爱,你坚持,你的人生有奔头,生活因此而紧凑。当趣味塞满你生活的角落,你也无暇去孤独。所以,如果可以,不妨寻找一件事,丰沛生命,把自己还给自己。

做你没做过的事情叫成长,做你不愿意做的事情叫改变,做你不敢做的事情叫突破。无论你多有天分,有些事情就是需要勇敢去做,才有结果。有喜有悲才是人生,有苦有甜才是生活。再大的伤痛,睡一觉就把它忘了,老是背着昨天,会累坏了自己。过不去的事要过去,放不下的情要放下。翻过一页,才能书写另一页。

人生往往如此,有的人活得很黯淡,并不是因为他的生活中没有春光,而是黯淡的心境,早已把所有朝向春光的窗户悄然关上。永远不要失去信心,对明天最好的准备,就是把今天做到最好。即便今天失败了,也不要气馁,因为明天又是新的一天,又是一个新的开始。永远不要放弃对明天的期望,有明天,你的失败就不是失败,只是暂未成功罢了。

你离成功差一次行动

> 成功者和其他人最大的区别就是,别人没有去做的事他们真正动手去做了。

做别人没去做的事情,就如同向着荒野开拓,是一项高风险高收益的活动。

最伟大的商人,总是热衷于探索蓝海,寻找新的风口。互联网时代的到来,成就了"互联网投资之神"孙正义,从100万美元起家,到处寻找具有潜力的互联网公司,孙正义的身价在世纪之交、互联网泡沫最疯狂的时候,一度以每周100亿美元的幅度增长,甚至压过比尔·盖茨,成为全球首富,虽然只有三天。

互联网泡沫后濒临破产的软银,并没有让孙正义望而却步。在一番重组之后,软银东山再起。孙正义在2003年就瞄上了移动互联网的风口;如今,靠着他敏锐的眼光,携世界上最大的风投基金软银愿景,在互联网领域的独角兽公司,频频投资获利。

走别人没走过的路,做别人没做过的事,或许,这就是成功者的秘诀。

拿得起放得下，输得起赢得了

> 失败一时并不可怕，不过是人生进阶的又一铺路石材，真正的失败是一生一世举足不前，看似安稳，却放弃了生命无限的精彩！输不起的人，永远别想赢！

没有一败涂地觉悟的人，成功的概率几乎为零！

没有百折不挠韧性的人，如何志在天下？白炽灯的发明经历了无数次的失败；飞向天空的道路上，莱特兄弟的先驱们付出了生命。即便是孩子学会走路，期间也跌倒了无数次。如果因为害怕摔跤，孩子又怎么能学会走路和奔跑。不允许失败，就彻底剥夺了自己成功的权利！

如果一个人的聚焦点是这个世界上太多的失败，还没有开始就认为不行，怎么可能成功？恰恰相反，成功者的聚焦点永远是成功，这个世界上有人能够做到，所以我也行！

同样的事业，同样的行业，同样的环境，有人会腰缠万贯，有人会倾家荡产。差别在于自己，不要用无能的眼光去看待别人的境况，不要用无知的言论去嚼舌从未涉足的领域。眼中满是别人的失败就会屡屡受到打击，眼中满是别人的成功就会天天激励自我。所有的结果都是内心自我期望的印证，命运掌握在自己的手中！

失败为成功之母的真正含义

> 懂得接受失败的人，就是懂得人生真谛的人，就是对虚怀若谷、谦虚谨慎八个字真正理解的人，也只有懂得接受自己的失败，才能更好地去发挥自身优势，也才能够更好地去实现自我。

迈克尔·乔丹，被誉为"飞人"的史上最伟大运动员——不仅仅是篮球。他曾不可思议地带领芝加哥公牛队获得六次NBA总冠军，带领美国队获得两次奥运会冠军，他自己则获得五次常规赛"最具价值球员"、六次总决赛"最具价值球员"称号。他的传奇经历，连同他扣篮时的吐舌动作都被球迷们津津乐道，他们称他为"披着23号球衣的神"。他的飞跃姿态成为最成功的个人体育品牌，而在收购山猫队（现名黄蜂队）之后，他成为历史上首位职业球员出身的球队大股东，其年收入超过他作为职业球员时收入的总和。但是他却说："我起码有9000次投球不中，我输过不下300场比赛，有26次人们期待我投入制胜一球而我却失误了。我的一生中失败一个接着一个，这就是为什么我能够成功。我从未害怕过失败，我可以接受失败，但我不能接受没有尝试。"

失败从来不可怕，从失败中吸取教训和经验，尝试着做出改变，然后接着尝试，成功就是一次次试错，成功来临之前的失败并非毫无意义，它们铺成了你脚下通往成功的台阶。

成功等于立志加坚持

> 朝着既定目标走去是"志",一鼓作气中途绝不停止是"气",两者合起来就是"志气"。一切事业的成败都取决于此。

古人常有以竹明志的。郑板桥的《竹石》,便是其中佳作:"咬定青山不放松,立根原在破岩中。千磨万击还坚劲,任尔东西南北风。"竹子在破碎的岩石中扎根,经受风吹雨打,仍然坚持不懈、无所畏惧。它并没有生长在肥沃的土壤之中,但它没有拒绝生长;它要接受四面风的摧残,但它没有选择认输倒伏。竹尤如此,人何以堪!人生路上,总会有酸甜苦辣、风吹雨打。认准一个目标,就要有咬定青山不放松的气魄和风骨。千磨万击还坚劲,任尔东西南北风。有风骨的人,就像竹子一样,面对种种艰难困苦,也宁折不弯、绝不屈服!不经过风雨的洗涤,没有高洁的风骨,不经岁月的磨砺,没有内在的气韵。有志气的人,如同坚挺入云的竹子一样,往往奋斗目标明确,意志坚定,不怕各种困难。越是在困难落后的条件下,越是能显示志气的精神和力量。

流水不腐，户枢不蠹

> 懒惰像生锈一样，比操劳更能消耗身体。
> 因为经常用的钥匙，总是亮闪闪的。

时下流行"毒鸡汤"，有些是诡辩，但也不得不承认，似乎确实是有点道理的。比如：努力会很辛苦，不努力会很舒服。能不能一辈子舒服要打一个问号，但不努力，至少眼下确实是很舒服。毕竟每个人都有着懒惰的倾向，需要时刻鞭策，才能保持勤奋。

生命中，总有一些诱惑藏在前行的路上。我们一点点靠近，稍不留意，就陷于其中。若是一直沉沦倒也罢了，只是看清了，明白了，要彻底改头换面也是难的。懒惰仿佛美人计中的美人，专门迷惑人的心智。事实上，许多时候毁掉一个人的，不是能力的高低，而是一个人的懒惰。业精于勤荒于嬉，行成于思毁于随。如果坚持才能成功，那么懒惰会无数次打断我们的坚持，让我们不得不一次次从头再来。

每一个闪闪发光的人，都在背后熬过了一个又一个不为人知的黑夜，那才是真正值得我们拥有和赞叹的地方。

真我风采，用历练书写

> 路是脚踏出来的，历史是人写出来的。
> 一个人的每一步行动都在书写自己的历史。

每个人都是一本书，用一辈子的时间书写，然后任后人评说。你遇见的人、做过的事，都会在这个世界上留下痕迹。有人痛恨，有人欣赏，有人崇拜，有人毁誉，但多数人的一生平平无奇，就像是尘封在书柜角落的手抄孤本，被人遗忘，无人阅读。

你的一生汇聚成一本书，是否会有人愿意阅读？看你这一生，是乏善可陈，还是精彩绝伦。这一生，由你自己书写。

线性的时间上蹒跚而行的我们，只能看到有限的眼前。多数人负重前行，想要过好这一生，就已经好不容易。但是，人生不止眼前的苟且，收获也不在于拥有多少，每个人对生活的态度，才是最好的见证。成长路上无捷径，唯愿一分耕耘，一分收获。没有付出努力，又怎会有结果？学习的每一点知识，都不是靠走捷径而成的，需要的是慢慢地理解、积累、实践。当你老了，回望走过的一生，才发现长大只是一瞬间，某一刻突然明白了一句话，突然理解了一件事。人生最值得庆幸的是，当你明白这些时，一切都还来得及。

一切奇迹都在平时的非凡努力中

这个世界上任何奇迹的产生都是经过千辛万苦的努力而得到的。首先承认自己的平凡,然后用千百倍的努力来弥补平凡。

桃月

对于孩子来说,成长中很艰难的一点就是,要认清自己,不过是世界上芸芸众生里,普普通通的一个。父母会将你视若珍宝,但并不是所有人都会如此看待。学校里有无数个孩子,你不会得到老师全部的注意力。世界并不是围着你转的;相反,你要在这个世界上好好生活,首先得明白,自己的平凡。

但认清自己的普通,承认自己的平凡,并不是全部。平凡的一生当有不凡的作为,纵然平凡,我们也可以用自己的努力弥补自己的平凡。所谓奇迹,不过是努力的另一个名字。

我感谢过去的所有经历,经历到的都是财富。我喜欢有挑战性的生活,他让我迅速成长并变得更加纯粹,更加平和,更加热爱生活。生命始终向往美好的事物,人一辈子的目标都是要取悦自己。低配自己的人生不是放弃上进和积极的生活态度,而是认清什么是自己真正想要的而无太多虚妄。在你自恃过高的时候往往爬得越高摔得越痛。这个世界美好的东西太多!任何一种人生都有价值,这份价值至少来自自己真的值得自己尊重!

大道至简，简而又简，以至于无形

> 做人须简单，不沉迷幻想，不茫然未来，走今天的路，过当下的生活；不慕繁华，不必雕琢，对人朴实，做事踏实；不要太吝啬，不要太固守，要懂得取舍，要学会付出；不负重心灵，不伪装精神，让脚步轻盈，让快乐常在；不贪功急进，不张扬自我，成功时低调，失败后洒脱。简单是我们人生最珍贵的一种底色。

简单，是生活最高的境界。尝尽人间百味，还是清淡最美；看过人生繁华，还是平淡最真。生活可以很复杂，也可以很简单，关键看我们用什么样的心态去看待它。平淡并不可怕，可怕的是戴着面具，活在虚荣的梦幻里。活得真实点，活得简单些，对就对了，错就错了，爱就爱了，恨就恨了，笑就笑了，哭就哭了，不虚伪，不做作。世本是世，无须精心处世。人本是人，不必刻意做人。万事万物，都有一个共同的规律：从简单到复杂再精炼为简单。简单，开始是一种单纯，最后是一种高度的浓缩。不经历复杂的简单，品不出丰富的味道；不简化的复杂，是一道没有主料的菜。尝尽人间百味，还是清淡最美；看过人生繁华，还是平淡最真。简单，是看透人生的智慧结晶。

行万里路

　　旅行会让人谦卑，你会知道地球之大，永远有着与你截然不同的人、事、物在地球的彼端发生。见得世面广了，也就不会把自己局限在一个小格局里，在旅行中遇到的每一个人，每一件事与每一个美丽景色，都有可能成为一生中难忘的风景。所以，旅行永远是最好的、最有效的心理治疗。

　　旅行是一种特别的生活体验，看看不一样的人和风景，品味不一样的美食和生活。旅行会改变心态，让你看到世界的另一面，而不是囿于格子间的方寸之地。工作和学习之外，旅行便是最有意义的事。你的双脚本该行走辽阔的世界，你的双眼本该看遍迥异的风景。旅行让你拥抱未知的世界，顺其自然；随遇而安，而不畏惧未知的世界。换一座城市生活，换一种视角看这个世界。或许，一个小举动，就能改变你生命中按部就班的一切。

　　旅行教会你不再做井底之蛙，走向世界，扩大视野。旅行教会你谦卑，带你走出安逸之乡，以一种全新的方式的感受世界。旅行可能改变你的生活，让你的世界和别人不一样。旅行教会你不应止步不前，决不妥协，去追求梦想。

　　人在途中，从起点到尽头，也许快乐，也许孤独。如果心在远方，只需勇敢前行，梦想自会引路，把足迹连成生命线。有一天，拿上行李，带上自己，有多远，走多远。

桃月

一个篱笆三个桩，一个好汉三个帮

> 要想成功，仅凭一个人的能力很难，必须要有他人的帮助。而这种人际关系，只有真诚、包容、体谅的心，才能巩固起来。假如狭隘地认为自己最能干，跟任何人都没有合作的默契，滴水则很难变成汪洋。

在距今两千多年前的秦朝末年里，有两位英雄式的人物载于史册。他们一个是上一个朝代的终结者，一个是下一个朝代的创立人；一个是顶级贵族的后裔，一个混迹在村野之间；一个能抵千军万马，一个却是本事平平。但结果是前者自刎乌江，后者建立了大汉王朝。在两千多年后的今天，我们再把这两个人放在一起比较，发现这个悲壮的失败者却是占据着种种优势的一方。这其中最重要的原因就是，项羽是一个十足的个人主义者，而刘邦却是一个地地道道的集体主义者。

我们常说：一个好汉三个帮。一个人再怎么了得，他的力量终归是有限的。仅凭一人之力成就不凡事业，这样的事情从未有过。以前如此，今天亦如此；政治上如此，商场亦如此。对一家迅速发展中的企业来说，更是这样。一个稳定高效的团队，对企业来说是决定成败的关键，攸关生死。原因很简单，没有人会拥有企业不断发展扩大后所需的全部技能、经验、关系或者声誉。因此，一家企业的掌舵者，至关重要的工作，是组建一个核心团队。

选对领域，锻造自己

要习惯于改变自己，只有你变了，你的世界才会跟着变。

鱼儿的世界在水中，鸟儿的世界在天空，你的世界在你力所能及的地方。

物以类聚，人以群分，想要飞上天空，就要生出双翼，想要融入更好的世界，就要让自己更优秀。

变，过程很痛苦，结果却迷人。

害怕改变自己，就只能苟安于凄凉。

桃月

人在自己的圈子里会很舒服，但生活在自己的舒适圈里，并不能让人长进。除非你选择一辈子停留在原地，但是逆水行舟不进则退，你总是要走出自己的圈子的。

但想要进入新的圈子其实也不容易，别人习以为常的消费，于你而言，却是咬咬牙才能下定决心的奢侈品；别人谈论的领域你一无所知，或者一开口就引人发笑，那么强行挤入这样的圈子，只会让你的钱包或者面子很受伤。

常说，什么样的人，混什么样的圈子。所以，想要改变自己的圈子，其实重点在于，改变你自己。物以类聚，人以群分，同道之人会相互吸引。当你经历了一番蜕变，成为更好的你，那么，你也会在身边，遇见更多更优秀的人。

圈层的改变，应当是一个自然而然的过程。选择你想要的，立下目标，坚定信念，找准方向，选好道路，坚持不懈，直到达成目标。你会发现，蜕变在不知不觉中，已然完成。

想要更好的明天，那就在今天，为此而付出努力吧！

物来则应，事过不留

每个年龄，都有每个年龄相匹配的烦恼。无一例外。

每个年龄的烦恼，都会在那个年龄的地方，安静地等着你，从不缺席。

小时候，懵懵懂懂只是个孩子的你，会因为得不到心爱的玩具而烦恼；上学了，埋首书山题海的你，会因为考试的结果和繁杂的课程而烦恼；长大了，情窦初开的你，会因为你爱的人不爱你而烦恼；工作了，职场奋斗的你，会因为工资待遇和工作压力而烦恼；结婚了，肩上扛起一家人的你，会因为家庭和孩子的事情而烦恼；中年了，职业发展遇到瓶颈的你，会因为来势汹汹的后辈和中年危机而烦恼；到老了，退休后的你，会因为无所事事，不知道干什么好而烦恼；即便是生命走到尽头的时候，你也会因为这个世界上还有放不下的事和牵挂的人而烦恼。

《这个杀手不太冷》里，玛蒂尔达问里昂："人生总是这么痛苦吗？还是只有小时候是这样？"里昂回答她："总是如此。"每个年龄段，我们总是要面对属于这个年龄段独有的烦恼。而每个阶段的我们，总有一份自己的责任要扛。所以，不要因为遇到了这些事，就觉得为什么自己这么命苦。其实每个人都一样只是他们不说而已。你所经历的苦乐，大家都有。

通透才能遇见最好的自己

生活的最高境界是宽容，相处的最高境界是尊重。所谓生老病死，就是生得要好，老得要慢，病得要晚，死得要快。所谓铁饭碗，不是在一个地方吃一辈子饭，而是一辈子到哪儿都有饭吃。只要能意识得到，任何时候开始都不算晚。

桃月

每个人都是不同形状的石头，如果谁都保留自己的棱角，那么谁都会受伤。所以人与人之间的相处之道，总要有宽容作为润滑剂。如果有些错误只是无心之失，并不带恶意，那么并不是不可原谅，宽容别人其实是在善待自己，也会让人与人之间的相处，变得更为惬意。

当然，我们也要尊重别人，一个圈子的人在相处的时候，除了追求共同的共性，也应该包容和尊重每一个人独有的个性。尊重是相互的，你想要别人尊重你，那么首先，你也应该尊重你遇见的每一个人。

人们总是畏惧死亡，但生命的质量比长度更值得我们追求。有限的一生，除了为这个世界做些什么，留下些什么，我们更要把时间花在和家人的相处上，也要懂得取悦自己，别让一辈子都是灰色。

比起追求安稳的舒适区，其实我们更应该提升自己的能力。一直在更新自己、提高自己的人永远不会失业。

很多道理，我们很早就听过，却很晚才明白。但这一生，什么时候觉悟，都不晚。

如意人生：常想一二，不思八九

> 人生最大的成功是使自己快乐。
>
> 成功有很多种，但是无论什么样的成功，都是为了使自己快乐幸福。
>
> 成熟的人，不是靠别人给你快乐，而是自己去争取。
>
> 快乐不是常常都有，能把地狱一样的日子过得像天堂一般快乐才算自己的成功。
>
> 而人生最大的成功，就是培养出一个好的心态，使自己无时不快乐。

周杰伦的《稻香》里有一句歌词："功成名就不是目的，让自己快乐这才叫作意义。"人生苦短，及时行乐。即便生活给你以痛苦，你也要回报以最灿烂的笑容；即便日子过得再苦再累再艰难，你也要学会取悦自己，让自己过得开心。哪怕，是赤着脚在田里面追蜻蜓；哪怕，是投出一架小小的纸飞机。

想做什么样的人，决定权在于自己；想过什么样的生活，决定权也在于自己。心中有景，处处是风景；心中无光，处处是困境。拿得起的人，处处是果敢；拿不起的人，处处是暗淡。放得下的人，处处是大道；放不下的人，处处是迷离。

能够拥有一份美丽的心情，不是因为获得得很多，而是计较得很少。多，有时也是一种负担，或是另一种的失去；少，并非意味着不足，而是知足者常乐也。舍弃，并不意味着失去所有，而是一种更宽阔更博大的获得。

用真我铸就一个人的金字招牌

> 人格如金，纯度越高，品位越高。做人一辈子，人品做底子。
> 道德可以弥补智慧上的缺陷，但智慧一定弥补不了道德上的缺陷。
> 人的两种力量最有魅力，一是人格的力量，二是思想的力量。
> 品行是一个人的内涵，名誉是一个人的外貌。
> 做人德为先，待人诚为先，做事勤为先。

桃月

人生在世，人品是你所有品质的基石，你的人品越坚挺，你就能收获更多的拥趸，朋友们视你为挚友，陌生人觉得你可靠，即便是对手，也会对你报以尊重。

很多时候，比起一个聪明但品行有瑕疵的人，人们更愿意和一个能力平庸但道德高尚的人相处。过人的智慧能够让你在很多场合、情境之下无往不利。智慧能够做到的，很多时候，道德同样可以成为通行证。反之，道德可以通行之处，智慧有时却是无能为力的。

很多时候，人们可以吸引别人的，不只是外在的权利、财富和容貌，也包括一颗高尚的心灵，与一个善于思考的头脑。欣赏别人是一种境界，善待别人是一种胸怀，关心别人是一种品质，理解别人是一种涵养，帮助别人是一种快乐，学习别人是一种智慧，团结别人是一种能力，借鉴别人是一种收获。

所以，做一个道德的人，做一个高尚的人，做一个品行俱佳的人，做一个做事以真待人以诚的人，你会发现，你将无往而不利。

悠然才能超然

> 人生中出现的一切，都无法拥有，只能经历。
>
> 深知这一点的人，就会懂得：无所谓失去，只是经过而已；无所谓失败，只是经验而已。
>
> 用一颗浏览的心，去看待人生，一切的得与失、隐与显，都是风景与风光。

人生如行路，一路艰辛，一路风景。前路曲折其实是好事，因为我们能够看到更多的风景。真正的行者，不在于走过了多少地方，而在于成就了多少次全新的自己。

没有永远的晴天，也没有永远的雨季。晴天晒晒太阳，雨天听听雨声。向日葵看不到太阳也会开放，生活看不到希望也要坚持。

伤痛使你更坚强，眼泪使你更勇敢，心碎使你更明智，所以，我们都应该感谢过去，它给我们带来了一个更好的未来。人生不过如此，且行且珍惜。自己永远是自己的主角，不要总在别人的戏剧里充当着配角。

有时候，我们感觉走到了尽头，其实只是心走到了尽头。再深的绝望，都是一个过程，总有结束的时候，回避始终不是办法，鼓起勇气昂然向前，或许机遇就在下一秒。在最深的绝望里，看见最美的风景。

敢想敢做，一切才有可能

> 给别人鼓掌，为自己加油。
> 拥有梦想只是一种智力，实现梦想才是一种能力。
> 如果一个人不知道他要驶向哪个码头，那么任何风都不会是顺风。

知道自己要什么，知道怎么去获取，埋着头只管努力；我们称他们为心怀梦想的人。没有梦想就去设计梦想，没有能力就去提升能力，没有条件就去创造条件，没有人脉就去建立人脉，一无所有就去创造所有。总之，所有一切，都不是你实现梦想的障碍。只要你有梦想，只要你还活着，就已经具备完成梦想的资本！找到目标，然后就去实现吧！目标也很重要，没有方向的船，什么风都不会是顺风的，所以当你准备远航时，请至少选择一个方向。也许这个方向未必可以找到新大陆；但至少可以开启一段通往未知，可以带来无限可能的航程。而你要相信自己，相信自己必然可以获得成功——有一个良好的心态加上恰当的目标，还有什么好担心的呢？开始自己的远航吧！

一切都是概率学，而我就在概率中

> 成功是一种概率，关键是你能不能坚持到成功开始呈现的那一刻。
> 自己打败自己是最可悲的失败，自己战胜自己是最可贵的胜利。

抛硬币通常会有两个结果：正面朝上或者反面朝上。但偶然也会出现第三个结果：它立起来了。这是一个简单的概率问题，如果你尝试的次数足够多，那么总有一次，你会看到硬币立起来的样子。

成功同样是一个概率问题，你所能做到的，就是尽自己全力做到最好，然后一次次不断去尝试。你不必担心失败，只要你可以从失败中找到教训，获取经验，总结心得，那么所谓的失败，不过是成功路上的一步。每一次，你都会离成功更近一些。很多时候我们之所以不能成功，只不过是因为在成功到来之前选择了放弃。你不是输给了命运，而是输给了自己。

距离成功越是接近的失败，总是越发让人叹惋。但只要坚持下去，成功或许就会在下一回合来临。有人觉得这是自己和命运的较量；其实，这是在和自己较量。别让自己把自己打败，战胜自己，成为更好的自己，才是你一生最该有的追求。

所以你要时刻准备着

> 请不要为一时失败而失望，你现在所有的平凡和默默无闻都是为了最美的荡气回肠。

儿子小时候第一次参加学校组织的运动会，他跃跃欲试地报名了好几个项目，前一天晚上翻来覆去地睡不着觉，想象着第二天自己在全校人的面前大出风头的样子。然而，第二天，第一个项目百米赛跑，他并没有跑在第一名。一时心急，半途加速，控制不好平衡，他摔了一跤。这一跤，不仅让他在这场赛跑中垫底出局，还不得不错过了后面所有的项目。

儿子很沮丧，原本是想象中很开心很荣耀的一天，最终却以这样的方式惨淡收场。妻子安慰他，却并不怎么见效，于是无奈地同意让我试试我的"打击疗法"。

什么是"打击疗法"呢？就是把现实摆在儿子的面前，告诉他，他只是个普通人。现在学习成绩不差，但以后会遇到更多成绩更好的人，终有一天你会发觉，在读书这件事情上，你可能并没有想象中的那么擅长。同理可得，你终究会遇到比你更擅长跑步、游泳、跳高的人；遇到比你会画画、会弹琴、会唱歌，更多才多艺的人。等你长大了，你还会遇上比你更会挣钱的人；他们的事业会比你更成功，而且看起来却比你更轻松。只要你的眼睛往上看，你永远会看到有的人在同一个赛道上比你做得更好，让你只能仰望。对于大多数人而言，这几乎是注定的宿命。同一条赛道上，能够领先的永远只是寥寥数人，但同一条赛道上的参赛者却太多。大概率，你只是望尘莫及的追赶者，而不是一骑绝尘的领跑者。

　　作为一个普通人，我们必然会在工作上、生活中，都遇到很多比我们更厉害的人。他们会比我们更成功，可能是因为他们的起点更高，可能是因为他们的天赋更出众，可能是因为他们的运气更好，可能是因为他们的能力更强。那么，你该怎么办？放弃吗？不，你应该比他们更努力，即使这样你也不会有机会超越他们，只是勉励维持着不会被甩太远。可那又怎样呢？你的努力，会让你不再有遗憾；你的努力，会让你的人生，更加充实。你自己的奋斗史，本身就是你自己荡气回肠的史诗。

槐月

润物无声,
人间四月芳菲尽,
山寺桃花始盛开。

借天志，改天命，锻造自我

>　　山中有狼，羊改变不了；羊也无法变成狼，但羊不能因为狼的存在，就躲在灌木丛里抱怨上苍的不公平。它必须不停奔跑，不停奋斗，直到强壮了自己，强化了基因。它不能改变自己是羊、注定要被狼吃的宿命，它只能通过改变自己，尽量谋求生存和发展。

　　成长的道路从来不是一帆风顺，雄心壮志改变世界，却总被现实击垮，直到有一天你发现，就连改变自己，都很艰难。

　　你知道抽烟、喝酒对身体不好，可总是下定不了决心戒掉；你试图保持身材，但却戒不掉甜食；你想要积蓄，却改不掉买、买、买；你想要夜跑，却坚持不了一个礼拜……我们总是告别不了坏习惯，培养不了好习惯，改变自己，好艰难。

　　如果想要改变世界，请先改变自己。

　　如果改变不了世界，那么至少还可以改变自己。

　　如果改变不了世界，至少不要让世界改变自己，记得自己的初心。

　　抱怨从来不能解决问题，付出行动去改变，才是解决问题的方式。你可以改变自己，解决你曾经解决不了的问题。或许这只是对世界一个微小的改变，但日积月累，你就真地改变了世界。《天演论》讲物竞天择，适者生存。在环境改变之后，曾经的强者未必还能继续生存，反而是能够积极改变的，才会成为下一轮游戏之中的领先者。

老骥伏枥，志在千里

一个人，不怕老去的是年龄，最怕老去的是斗志和激情。
不怕失去的是岁月，最怕失去的是心态和气质。

罗曼·罗兰在《约翰·克利斯朵夫》中有这样一句话："有些人20岁就死了，等到80岁才被埋葬。"对于很多人来说，他们的人生中最精彩也最值得当成一个故事去讲的，大概也只有人生最初的20年。而一生之中剩下的时光，不过是单调乏味枯燥地重复，重复，再重复。

随着岁月的流逝、年龄的增长，我们并没有因此而成为更优秀的人，并没有成为小时候想要成为的样子；相反，我们对世界妥协，向命运低头，承认自己的平凡，接受自己的失败。

而总有一些人，则活成了我们羡慕的样子；岁月或许在他们的身上留下痕迹，但他们的灵魂却常葆年轻。他们不服输，更不服老，让我们恍然错觉，他们是顶天立地的战士，可以一直战斗到生命之火在他们体内熄灭的那一刻。生命不息，战斗不止。曹操说：老骥伏枥，志在千里；烈士暮年，壮心不已。是啊，只要你不认输，谁又能让你低头？年龄从来不是阻碍你成功的原因，更不能阻止你向着成功奋力前行。

若有斗志藏于心，岁月从不败少年。

槐月

那就开始干吧

> 理想和现实总是有差距的,幸好是有差距,不然,谁还稀罕理想,谁还会拼命地去实现理想!

高中学物理,处在较高位置的物体,相对于在较低位置的物体,蕴藏着更多的重力势能。我们想要举起一个物体,那就是在逆势做功,对抗重力。

理想与现实同样相差,仿佛理想总是比现实更高一些,差距或大或小,其实并不重要。重要的是,你是否有实现理想的行动;或者说,你是否愿意为了让理想照进现实,而选择逆势做功。

有人说,理想就是悬在驴子面前的胡萝卜,我们走了更远的路,理想也会变得更加远大。以此循环,我们的阅历在增长,我们的理想也在变化。似乎,理想和现实之间的差距,从来不曾缩小。可这样,不是很好吗?我们追求更美好的明天,才会愿意在今天付出更多的汗水。要是随随便便就实现了理想,余生,我们又何以鞭策自己,激励自己,继续奋力向前?

两厘米宽三公里深，专注才可成就

> 凡人做一事，便须全副精神专注此一事，首尾不懈，不可见异思迁，做这样，想那样，坐这山，望那山。人而无恒，终身一无所成。

做人要有恒心，恒心是成功之母。高尔基说过："一个人是可以做到他想做的一切的，需要的只是坚忍不拔的毅力和持久不懈的努力。"每个人都想在事业或学业上有所成就，但是，最终只有一部分人取得了胜利，而相当一部分人却陷入失败的苦痛之中，就是因为成功的人都具有一颗不达目的不罢休的恒心，才会有所作为。

拿破仑说过："胜利属于永远坚持不懈者。"在通往成功的道路上，我们会遇到很多的困难和挫折，面对这些困难和挫折，有的人会却步，有的人会另寻途径，有的人会坚持，而胜利往往都是属于最后的坚持者。

人生就如一场马拉松，最后的胜利都是属于坚持到最后的人，持之以恒是我们在遇到困难时仍然继续努力的能力。大多数成功者的秘诀都有两个——第一个是坚持到底，永不放弃；第二个就是当你想放弃的时候，回过头来看看第一个秘诀。持之以恒，是开启胜利之门的金钥匙。一个人有了坚强的毅力和决心，就能轻而易举战胜一切困难；反之，一曝十寒，终将一事无成。

年少不识父母意，养儿方知父母恩

> 小时候一直不理解，父母为什么可以那么早起床，长大后才明白，叫醒他们的不是闹钟，而是生活和责任！哪有什么岁月静好，只不过有人在替你负重前行。

曾经，叫醒我们的是父母的呼喊声，或者是丁零零的闹钟声。现在，叫醒我们的是肩上的责任和使命，是身后的亲情和家庭。身为一个成年人，哪一个不是负重前行，哪一个不是努力拼命！不敢生病，哪怕浑身酸痛；不敢放松，哪怕神经紧绷；不敢说累，哪怕一身疲惫；不敢哭泣，哪怕心藏苦衷。父母已老，孩子太小，我们没有资格，喊苦，喊累，喊痛！唯有风雨兼程，一路前行！

成年人很多时候都是夜里睡不着，清晨醒太早。夜里睡不着，是因为心里想事太多，老人的身体，孩子的成绩，都让人惦记，让人操心。清晨醒太早，是因为要干的活太多，该安排的工作，该张罗的生活，睁开眼就是忙碌的一天。

当曾经的闹钟不再使用，是我们成长的见证；当原来的难过不再声张，是我们成熟的证明。我们把脆弱留在了心底，我们把坚强留给了责任；我们把苦累留给了自己，我们把幸福留给了家人！

那些早起的黎明，那些晚归的深夜，那些咽下的苦涩，那些扛起的压力，换来的是孩子快乐的童年，老人安逸的晚年，爱人幸福的笑脸。一切的努力和付出，都是值得的！

你若盛开，蝴蝶自来

　　真正改变命运的，并不是我们的机遇，而是我们的态度。
　　有时候觉得，等待是一种美好的状态，因为它包含了无数的可能性。
　　人生中的一道道门坎，迈过了就是门，迈不过就是坎。

　　人生最可悲的并非失去四肢，而是没有生存希望及目标！人们经常埋怨什么也做不来，但如果我们只记挂着想拥有或欠缺的东西，而不去珍惜所拥有的，那根本改变不了问题！真正改变命运的，并不是我们的机遇，而是我们的态度。

　　世界上最离谱也最不应该的错误，就是对自己的人生设限，因而限制了自己的视野，看不到生命的种种可能。找到自己的目的，是活出没有限制的人生的第一步。而即使面对困难，依然对未来保持希望，对生命的各种可能性保持信心，则会让你继续往目标迈进。但要实现梦想，你内心深处必须相信自己值得拥有成功与幸福。在你的一生之中，你需要迈过无数个难关，跨过去了，你就能看到更美妙的风景。我们总是要站得足够高，才能看得足够远。如果你看到的永远只是自己脚下的方寸之地，又如何能在胸膛里装下一整个世界？

这就是真我的风采

蜗牛一寸寸地爬,每一寸皆是突破;雄鹰一里里地飞,每一里都是奋进。

做人就要学习蜗牛往上攀爬的精神,保持快乐;洞悉雄鹰展翅高飞的恒心,一直向前。

突破自我,挑战自我,做最好的自己!

许多人习惯于待在舒适区,却又不甘心安于现状,常常一边暗自悔恨,一边怨天尤人,却从没细想过,因为害怕尝试,自己失去了多少机会。其实,当你勇敢地迈出探索的脚步,你会发现,原来这世界还有这么多美好等待着你。骐骥一跃,不能十步;驽马十驾,功在不舍。距离远从来不可怕,困难的是迈出第一步。你的每一小步,都是在迈向更好的未来。不要让梦想变成空想,只要你持之以恒地为之付出,总有一天能收获丰收的果实。

斗志和干劲很重要,但更重要的,是不断坚持的努力。不要忘记当初你怀揣梦想的勇气,把那一刻的勇气变成此刻的坚持,你终将遇见更好的自己。我们所未能达成的目标不一定是负担,反而会在无形中化为一股力量,在我们想偷懒、想放弃的时候激励我们继续前行。

自知者明，自胜者强

思考就是自我反省，就是对自我问题的问与答。

自我反思是一切思想的源头，人是在思考自己而不是在思考他人的过程中产生了智慧。

人生需要常常自我反省，为的是让自己，不断蜕变，不断进步。人的成熟不在于外在的力量，而在于内心的勇气与信心。所以，我们无论遭遇怎样的逼迫和苦楚，心里都要常存柔和谦卑。不要让外面的风雨撕裂我们内在的心灵；风霜可以老去的只是我们的容颜，却挡不住我们心灵的自我更新。所以，我们不丧胆。纵然身体一天比一天苍老，我们却能保持年轻的心。

人活着，难免要犯错，错了及时悔改，一样值得被原谅。悔过并加以修正自己的错误，提高自己的人品，这些都是难能可贵的精神。唯有懂得及时忏悔和改正错误之人，才能真正守护好内心的那片清净和宁静。自我反省其实就是一面镜子，它能更好照见自己的错误，看清楚自己，然后改正。

知错就改，永远是不嫌迟的。

只有时间是不会骗人的

我问时间：怎样才能留住你？

时间说：你走过的每一步路，爱过的每一个人，做过的每一件事，其实都有我的印记。

我们总是感叹自己抓不住时间，可时间已经在我们经历的一点一滴上都刻下了印记。这世界上没有白走的路，你走的每一步，都算数。

日拱一卒无有尽，功不唐捐终入海。汗水不会辜负你付出的努力，它会在未来我们看不见想不到的某时、某地自行展现。我们要确信的只是这一点：今日努力了，将来就会有所得。"为一件事去付出"的经历本身就是一种得到，一种人生的意义所在。村上春树也说过一句话，无论何等微不足道的举动，只要日日坚持，总会从中产生某种类似观念的东西来。

有人在知乎上提问："我读过很多书，但后来大部分都被我忘记了，那阅读的意义是什么？"而有一个回答是这样说的："当我还是个孩子时我吃了很多的食物，大部分已经一去不复返，而且被我忘掉了。但可以肯定的是，它们中的一部分已经长成我的骨头和肉。阅读对你的思想的改变也是如此。"

你也许无法记住你所经历的每一分每一秒，但你在这个世界上活过的每一分每一秒，塑造了如今的你。

用心发现，其实幸福无处不在

我问幸福：怎样才能长久地拥有你？

幸福说：饿的时候有饭吃，渴的时候有水喝，困的时候有床睡，累的时候有家归，这就是幸福！其实我从未远离，只是你从未发觉。

如果我们总是盯着那些我们可望而不可即的事物，那么，我们可能一辈子也没办法找到幸福。拥有幸福的方法很简单，有时候，把目光放低一些，把期待放低一些，把对别人的要求放低一些，就好。

出门在外，半路忽然下起了雨，刚好带了伞，没有被雨淋到，真好。公交车晚点，不过今天临时改变想法，选择坐地铁，没迟到，真好。进写字楼，电梯在眼前关上了门，但对面的电梯恰好下来了，真好。气温有点低，衣服好像穿少了，同事说多买一杯咖啡给你，真好。忘记吃早饭，不到中午肚子就有点饿，旁边的同事分享零食，真好。中午的时候，经常点外卖的那家店突然有优惠，还送纪念品，真好。业绩不行做检讨，领导收到的时候，夸了一句字写得还不错，真好。晚上回家，小区门口水果店有打折促销，想吃的荔枝降价了，真好。追剧听音乐，喜欢的偶像新作上映，还唱了主题曲，挺好听，真好。今天追剧但控制住自己没有一直点下一集，没熬夜没黑眼圈，真好。

在一件坏事里发现没那么糟糕的，这些微小而确定的幸福累积起来，便是你一生的幸运。

互相成就，且行且珍惜

我问爱情：怎样才能不受伤？

爱情说：如果爱，就避免不了伤害；如果爱，就躲不开无奈；如果爱，就少不了等待。情出自愿，事过无悔；爱由心生，注定心疼。

张爱玲说："爱就是不问值不值得。"面对一份摆在你面前的爱情，伸手怕做错，放手怕错过；患得患失，如何能修成正果？进一步没资格，退一步舍不得；既无法解脱，也不能洒脱。

在对的时间刚好遇到对的人，多么难得。并不是每一个人，都能在最好的年华，遇见刚刚好的人。有时爱情会来得太早，在你还无能为力的年纪，遇到想要厮守一生的人，你可能会选择放弃，认为她值得遇到更好的。有时候爱情又来得太迟，她可能已经为人妻子，只好"还君明珠双泪垂，恨不相逢未嫁时"；可能是她还太小，而你已经太老，"我生卿未生，卿生我已老"。

你该珍惜你遇见的，以免错过了，将来会追悔莫及。你也该学会放手，如果确实有缘无分。总该长大，总该试着去成熟，放弃一些曾经以为无法分离的人和事，即使这个过程漫长且难挨。

有人大声表白，有人暗自关怀。爱的方式有千千万万种，能检验它们的只有时间。能在你身边陪你到最后的，未必是眼前人。

你能无底线地原谅谁，谁就能无底线地伤害你。就像那句歌词说的一样：想爱就别怕伤痛。

我构筑，我自在

我问人生：怎样才算不白活？

人生说：眼里有快乐，手里有工作，心里有追求，银行有存款，退休有工资，闲时有朋友，急时有人帮，这样的人生，别无他求！

如果你觉得你的人生是痛苦的，那么很大概率，是源于你"想太多"。

当你一无所有的时候，你羡慕别人手里的馒头；当你衣食无缺的时候，你羡慕别人的锦衣华裳、玉盘珍馐；当你还在奋斗的时候，你羡慕别人一出生就站在了你理想的终点；当你已经功成名就的时候，你羡慕别人指点江山。人生向来是不知足的，想要拥有更好的，是人的本能。这种欲望是一种动力，能够推动你为了拥有更多、过更好的生活而勉力奋进。但不知足也是一头野兽，如果你不能把它关在笼子里，那么你一辈子也很难得到真正的幸福。

人生是复杂的，活得简单一点，或许才不会那么累。知足，不是让你满足于眼前细微的小确幸，而是让你阶段性地获得满足感，是给自己的小小奖赏。遥想小时候，有一伙伴，满足于夏日烈阳下的一根冰棍，并宣布自己长大后的志向是卖冰棍。别人嘲笑他目光短浅，他却在初中毕业后，从沿街叫卖的小贩、批发冷饮的店主，做到拥有自己的雪糕工厂，直到如今打造了自己的品牌，生意做得风生水起。把远大前程分解成一步一个小目标，或许，会让你面对未来的时候不再迷茫。

槐月

低头的稻穗，昂头的稗子

> 所谓"傲慢"，就是自己觉得自己了不起，所以我们要谦卑地把头低下去。

傲慢是原罪，谦卑是美德。

谦卑的人，往往都不太会将自己太当回事。这样的人，更容易赢得别人的称赞和尊敬。《菜根谭》中有言："欹器以满覆，扑满以空全。"你有多谦卑，就有多高贵。守得住"谦卑"这两个字，才能够做到不自傲。越是不自傲的人，内心越强大，才能成就高贵的人生。

凡自高者，必降为低；凡自低者，必升为高。人若懂得谦卑自重，世人自会把他举过头顶。成熟饱满的稻穗，是弯下腰的；真正有见识的人，也会懂得把自己放在更低的位置上。古语云："谦者，德之柄也。"谦卑之人，懂得身处高位不自傲，也懂得用更高的标准来衡量自己，用更广博的心胸来对待他人。世上个体本就渺小，能力也终究有限，心存谦卑，才是一个人灵魂高贵的真正体现。人若想有所成，必定要能够弯下腰，低下头。一个人懂得谦卑，才能越走越远，越来越高贵。

一颗恒心深入腹，方知我命不由天

> 人的命运，是吸引来的，不是追求来的。花开蝴蝶自然来，你若精彩，运自盛开。

命运的玄妙在于，如果你不信命，往往可以做自己命运的主人，打破世俗加诸于你的枷锁，冲破一切阻碍，闯出自己的一片天空；如果你信命，往往会变成命运的奴隶，如同自入牢笼，越挣扎越不可逃脱，一次作茧自缚，便是终生桎梏。命运，就是这么妙不可言。很多时候，不可强求，顺其自然，或许才能得到更好的结果。

用一颗清净的心看世界，处处皆是美好，入眼皆有灵性，自然不惹尘埃。一件事，我们所掌握的信息占总信息的多少，依靠我们的能力能够做到哪种程度，其实并不需要时时挂念，也不需要总放在心上，这些都不重要。重要的是忘记这些，去努力做。只要努力做了，总有成的时候。如果不努力做，而是执着于那挂念，则往往就会在发愁叹息中任时间流逝，等到想起努力的时候，机会已经错过了，只能望洋兴叹。不管做什么事，不要总想着成功，也不要总盯着结果，放下这些，把握住当下，才是最有可能办成事的方式。

槐月

心存敬畏才能感天动地

> 对于任何一种生命，甚至没有生命的现象，都应该善待和礼遇，包括大自然、天地万物，因为它们对我们都有万般恩惠。

生活中，善于欣赏和赞美的人，往往更容易获得他人的欣赏和爱戴；而动辄批评和指责他人的人，往往会把人际关系搞僵，让事情变得更加糟糕。只有与人恭敬才可方便自己。同事相处中先认同对方，给予适时的赞美与鼓励，当建立良好的关系后，对方才容易接受劝导，认同自己。

一个人无论地位和才干多么卓越，他只有懂得尊重别人，才能够赢得别人的尊重。每个人都很在意自己的尊严，给别人尊重胜过给别人黄金；尊重能换来情感，情感却不是黄金能买到的。黄金能使人弯下自己的腰，尊重却能使人付出自己的心。一个懂得尊重别人的人，才是真正能虏获别人心灵的人！学会尊重每一件事物，尊重每一朵花的恣意开放，尊重每一个生命的独立与自由，这样，你的生命也会在他人的尊重中肆意绽放，在与他人的和谐共处中，变得更加富有美感。

恭敬地对待别人，不会显得自己低微，反而能换来别人发自内心的敬重。

应无所住而生其心

> 世间万物都是无常的,所以不会活在过去,不会活在未来,而是活在当下!

过去的既然已经过去,那就让它过去。执念于过去并不能让你改变过去,只会让你深陷其中不可自拔,从而把当下的日子过得一团糟。

未来的既然还没有来,那就别想太多。执迷于将来并不能让将来轻易到来,只会让你沉迷其中陷于妄想,对当下的生活依然是无益的。

过去和将来的一切,万物皆虚;唯有实实在在可以把握的现在,万事皆允。于现在的此时此刻,每分每秒,踏实地活着,这就是生命的真谛。

看看今日路边开的野花,它像去年的野花一样美丽,带着若有若无的芬芳。它如此真实地存在着,是过去和未来的任意一朵花,都无法媲美的真实,只要你懂得欣赏,就能给你带来真实的愉悦。只有这一刻的花,是真实存在的花;也只有这一刻的你,是真实存在你。

放过过去,不念过往;展望未来,不畏将来。总结过去的得失,收拾过去的心情,活在当下,让每一天都充实而有意义地度过,你会发现,不知不觉的时候,你曾经期待和梦想的未来,竟然已经出现在了你的眼前。

槐月

从无明到亮堂,就一"悟"字之差

> 人生从此岸到彼岸,并不是方位的变化,是从迷惑走向觉悟,是从迷惑的今天走向觉悟的明天。

无论古今中外的哲学家,似乎都很喜欢拿河流来说事儿。孕育于两条大河间的古印度文明,尤其喜欢河。有人纠结于人不能两次踏入同一条河,而有人则向往于抵达彼岸的圆满大智慧。那条河,不在于外,而在心中。一个人是否能大彻大悟,从来不因于时,不因于地,亦不因于事,不因于人。拨开心中的迷雾,你也能做一个觉悟者。

常有人说世事纷扰,想要躲个清静。但清净不是靠躲避就能躲来的,外物环境带不来你想要的清净,真正的清净,在你心底,也只在于你的心灵。有些事,不管我们愿意不愿意,都要发生;有些人,不论喜欢不喜欢,都要面对。人生中遇到的所有事和人,都不是以我们的意志为转移。愿意也好,不喜欢也罢,该来的会来,该到的会到,没有选择,无法逃避。我们能做的就是面对、接受、处理、放下。调整好自己内心,用善良、爱心感染生活,感染人生!只有放弃了私心,也放下了心里的执念,你才能修得一颗真正的清净心。

只有内修为圣，才能外达为王

> 欢乐总是衍生于你之外的事物，而喜悦是由内而生。
> 执于外在事物的是短暂的乐，生发内心世界的是长久的悦。

山下英子在《断舍离》一书中说：断舍离的主角并不是物品，而是自己，而时间轴永远都是现在。学会舍弃是对自己的一种投资，扔掉无用的包袱和过往的累赘，生活才能更加轻松、更具价值。正所谓"取其精华，去其糟粕"，只有懂得舍弃，才能发现美好。

张小娴说："曾经以为，拥有是不容易的；后来才知道，舍弃更难。"我们要舍弃那些不如意的人和事，轻装前行。

吕辉说："你对这个世界不贪婪，世界自然不会对你太吝啬。"舍弃贪欲，其实就是整理内心的过程。内心明朗了，不再纠结、愤懑、不再索求无度，自然而然就感到满足、舒适，人也变得更加轻松自在。人心贪婪，总是进了一步，还想再进一步，若是懂得适可而止，才能存长久之道。

舍得舍得，有舍才有得。也就是说，想要得到，就必须先学会舍弃。舍弃，并不意味着失去，反而是为了更好地得到。因此，在该断该舍之时，一定不要犹豫，果断一点。学会吐故，方能纳新。愿你懂得舍弃，在未来的日子里，收获更多的芬芳。

有担当也是对自己负责

> 没有担当啥事做不了，没有沉淀诸事做不长。
>
> 人生就是这样，你不承担责任，就不能成长；你不付出，就不能得到。

"男子开车一年违章 15 次被退婚"，是近期的一条热点新闻。有人觉得女生小题大做，也有人觉得见微知著，车品见人品，一个人频繁违章，说明这个人不守规则。假若一个人对自己的生命安全都不负责，又如何指望他会对家庭负责？

在这个世界，能对自己负责的人永远只有一个，那就是你自己。梁启超曾说过，"凡属我应该做的事，而且力量能够做到的，我对于这件事便有了责任。"优秀的人从来都不是天生卓越，而是愿意对自己负责。

对自己的工作负责，也是对自己负责的表现。对待自己的工作，唯有精益求精，才能不断提升自己，获得别人的信任！假如一个人在工作中，只懂得投机取巧，不思进取，那么领导就看不到你的积极，也不会把重要的工作交给你。久而久之，你没有得到锻炼的机会和工作经验，升职加薪就注定与你无缘。

你不精进，没人会给你让路；你不负责，也没人成全得了你。踏实肯干，放眼未来，努力经营好工作是对自己负责的表现。同样的，在生活中我们也要做到对自己负责，像是戒掉熬夜、拖延、抽烟等坏习惯。

内不欺己，外不欺人

人品，是人真正的最高学历，是人能力施展的基础，是当今社会稀缺而珍贵的品质标签。

如果不是怀着一颗功利的心去接近一个人，那么在我们的交友原则之中，一定有一条是：人品好。人品便是一个人的口碑，是一个人立身处世的金字招牌。无论是交朋友还是做对手，大家都愿意选择人品好的人。当他是朋友的时候，你会觉得可靠，能把自己的后背交出去，而不用担心背叛；可以交心，而不必提防；可以请求帮助，而不必担心落井下石。当他是对手的时候，你可以相信，你们能够在合理的范围内进行有限度的竞争，不用担心对方施展出无底线的手段，让你难以招架。是敌是友，你都会觉得，这是一个可交之人。

相应地，如果你的人品得到了广泛的认证，你也会发现自己行事会顺利很多。人们愿意施以援手，因为知道你有恩必报，而不担心你恩将仇报；人们愿意和你有金钱上的往来，因为知道你不贪不昧，你们之间的关系，不会因为金钱而变质；人们愿意相信你，因为知道你不会辜负这一份信任；人们也愿意在你失败、犯错的时候包容你，因为相信犯错并非你本意，失败只是一时失利。他们相信你可以获得成功，就如同你在做人上表现的那样。

人品，是你在这世上立身行道，最好的资本。

槐月

做一个可寄百里之命的真君子

> 守信是你的资本，信任犹如一根钢丝，一旦建立起来了，就可以抵抗变故的拉扯，一旦折断了它，就很难再把它接上了。与人相处时，别人首先要信任你，才会真心地对待你，当别人觉得你不可靠时，你的机会就丧失殆尽了。

海涅说过，"生命不可能从谎言中开出灿烂的鲜花。"

古人把守信看作是做人非常重要的品行之一，讲究言必行，信必果。尾生抱柱，曾子杀猪，都是守信的千古佳话。"守信是一项财宝，不应该随意虚掷。"人与人之间的交往，更应该讲信用。懂得守信的人，不管在生活中还是事业上往往都能事半功倍。

做人，诚实守信最重要。不管贫寒还是富裕，不管平民还是高官，言而有信，行而有品，才是最贵的品质！不管交友还是处世，不管谋生还是经营，讲本分，重信用，才是最大的本钱！

人活一辈子，一定要言出必行，说到做到。诚实守信，不做出尔反尔的事情，不糊弄别人、忽悠朋友，答应别人的事情就一定要做到，借了别人的钱就一定要按时还，一诺千金的人，人人喜欢；背信弃义的人，人人讨厌。

拥有这两样的人可谓完人

> 人品和能力,如同一个人的左手和右手:单有能力,没有人品,人将残缺不全。人品决定态度,态度决定行为,行为决定最后的结果。

商场上总有人觉得,为了更多的利益,就可以放弃一切顾虑,抛弃一切原则。他们崇拜不择手段的成功者,并捧其为枭雄。成败和财富,在他们眼里,就是评判一切的标准。

然而,这样的生意是做不长久的。我把《世界上最伟大的推销员》这本书,介绍给公司的每一位员工,把古老的羊皮卷的智慧,讲给他们听。我常说,每个人都是推销员,我们每个人向客户推销的第一件商品,就是你自己。很多时候,客户之所以相信你,是因为相信你的人品,而你之所以拥有能够让人相信的人品,是因为你此前的所作所为,所言所行。

人品是一个人一生的财富,如果你把自己的口碑做起来,那么做什么事情都会很顺利,因为别人会认可你,这种认可,其实就是"得道多助"。

你的财富可以通过时间慢慢积累,你的人品一样可以通过时间慢慢累积。区别在于,到手的钱会花出去,越用越少。但你的人品会不断增值,甚至越用越多。因为你做的每一件事情,都是在树立、维护你的人品。越多的人看到你、愿意相信你坚挺的人品。那么就有越多的人愿意帮助你、加入你,成为你能力的延伸,成为你成功的基石。

槐月

成功就是一道选择题

> 一个人有两件事要做，一件是应该做的事，另一件是喜欢做的事，你必须把应该做的事做好，才能去做喜欢做的事。一般人往往这两件事经常颠倒，所以失败。成功者从来就思路清晰，所以成功。

做自己喜欢的事，如同乘风而起，顺势而为，是梦想。

做自己不喜欢的事，如同逆水行舟，激流勇进，是责任。

无论乘风逆风，顺水逆水，都是人生中必需的。你渴望成功，但你更需要成长。没有带给你自身成长的成功，不是真正的成功，不要也罢。你可以不要成功，但你一生一定要做的一件事，就是让自己千锤百炼，最终能够成为一个有责任感的人，这是你的立世之本，是你做人的根基。否则，你不会被任何人所信任，你做什么都不可能成功。

责任这东西，没有几个人不觉得是负担，但没有几个人能躲得过。

所以，不要怕事，不要逃避责任，再不喜欢的事，如果是应该做的，还是要去做。因为，这些事是你人生的组成部分，你终究躲不开、逃不掉，那还不如勇敢去面对。然后，处理、放下。只有这样，你才能跨过那道坎，你也才能继续前行，并且，是无碍地前行。你得去发掘自己喜欢做的事，在没有找到它之前，你还是先去做好你应该做的吧。

这个就是创业者必备的素质

> 成功者就是胆识加魄力。温州人的成功，开始就三个字，"胆子大"。这其实，就是胆识，而拿得起，放得下，就是魄力。

温州人被称为"东方犹太人"，除了和犹太人一样擅长经商，另外一点就是，温州人和犹太人一样，散播在世界各地，你几乎可以在地球上任何一个能做生意的地方，找到温州人。有着浓重乡土情结的中国人里，温州人的"闯劲"大概是名列前茅的。也正是这种胆子大，哪儿都敢闯的胆识，温州人总是可以在世界上的任意一个地方落地生根，活得滋润，做出一番事业，挣下一份家业。

我在商场上有不少的朋友，朋友里自然也有不少的温州人。这些成功的温州商人之中，有一位曾跟我说过这样一段话：拿得起，放得下，那是拼搏出的人生；拿不起，放不下，那叫混日子。拿的不仅是一种勇气，更是一种责任；放的是一份智慧与从容。风起时，笑看落花，风停时，淡看天边，懂得放下，生命才会愈加完美。该拿起的时候要果断，该放下的时候别不舍。

槐月

提升自己是最有价值的事

做最好的自己，才能碰撞出最好的别人。

战国时期，齐宣王喜欢招贤纳士，于是让淳于髡举荐人才。淳于髡一天之内接连向齐宣王推荐了七位贤人。

齐宣王很惊讶，就对淳于髡说："人才是很难得的，贤人并不多见，现在你一天之内就推荐了七位，他们都可靠吗？"

淳于髡回答说："不能这样说。要知道，同类的鸟儿总是聚在一起飞翔，同类的野兽总是聚在一起行动。寻找柴胡、桔梗这类药材，如果到水泽洼地去找，恐怕永远也找不到；要是到山的背面去找，那就可以成车地找到，这是因为天下同类的事物，总是要相聚在一起的。我淳于髡大概也算个贤人，所以让我举荐贤人，就如同在黄河里取水，在燧石中取火一样容易，我还要给您再推荐一些贤人，何止这七位！"

物以类聚，人以群分。有人总是抱怨自己周围的人耽于眼前小利，凡事蝇营狗苟，那是因为自己的地位太低，圈子太低，自然看到的只有底层。而成功的人总是很容易碰到成功的人，并且互相成就，取得更多更大的成功。所以，做最好的自己，才能遇到更好的别人。与其怨天尤人，等待渺茫的机遇；不如尽可能做到最好，成为更优秀的自己。

自胜者强，自强者王

> 挑别人的毛病快，改自己的毛病难。人生最大的敌人是自己。所以古人云：胜人者有力，自胜者强！战胜别人的人是有力量的人，而能战胜自己的人才是真正的强者。

初唐有无数被低估的名将，但李靖永远是最特殊的那个。南灭萧梁，东平吴会，北清沙漠，西定慕容。他打过很多场灭国之战，更戏剧性的是，在他面前，曾经让人们觉得不可战胜的对手，会像是粘在蜘蛛网上的苍蝇一样，再挣扎也躲不过被轻而易举灭掉的命运。

真的是这些对手不堪一击吗？并非如此。是李靖在战争发生之前，就算到了对手可能走的每一步棋，对手的每一次行动都在他的预料之中。简而言之，不是敌人太弱，是李靖太强。

那么，李靖的强大是如何修炼成的呢？不独李靖，很多决胜于战场的名将，都有同样的习惯。他们与自己博弈，模拟不同情形下的一场场战争，思考处于不同的阵营，会有怎样的破敌之法。每当他们思考出一种新的战法，必然也会再构思它的破解之法。而当有了破解之法，便回过头去完善原本的战法。不断完善，不断改进，为战场上每一种可能的情况在心底作出预案，方有战无不胜之法。这样的名将，靠天赋，也靠后天的努力。

自己是最难战胜的敌人，当你战胜了自己，便可举世无敌。

日日精进，365日精进

> 不要担心别人会做得比你好，你只需要每天都做得比前一天好一点就可以了。成长是一场和自己的比赛，与别人无关。

20世纪90年代，站在时代的风口，似乎遍地黄金，我却不知道自己能把握哪一个。从广东辗转到上海，我也不知道该走向哪里。后来想想，不知未来如何是好，那就先把手上的事情做好。

我认真做每一件事情，所做的哪怕是细小的事、单调的事，也要做出自己的最高水平，并在做事中提高素质与能力。简单的事情做完了，每次进步一小步；困难的事情做完了，每次进步一大步。不管是小步还是大步，都是进步。每一个努力过的脚印都是相连的，它一步一步带我到今天，成就今天的我。

然后，我体会到了：人生最棒的感觉，就是你做到别人说你做不到的事。

所以，作为一个先行者，我给年轻人的敬告是：你若不勤快，就是马云来带你都没用！所以，简单的事情重复做，重复的事情坚持做！每一次努力都是一种提升，任何时候，都不要放弃自我成长！你所付出的每一天，岁月终将会还你！

想成为成功的人，不要只是说说而已。从现在做起，从今天做起，人生的每一天每一刻，都是在为自己的明天铺路！

每一份坚持都是成功的累积，只要相信自己，总会遇到惊喜。当努力到一定的程度，幸运自会与你不期而遇。

人生如逆水行舟，不是进就会退

在这个世界上的大多数事情，不是稍微努力就可以搞定的，这个世界的真相是：我们特别努力才可以做得有一点儿好，但是我们一不小心就会做得特别差。

我们必须特别努力，才能看起来毫不费力。

有的人被称为 RMB 玩家，满氪全身顶级装备道具，出身上流社会，就读名校，继承家业，找一个门当户对的妻子，财富在代际传承中越来越集中。他们的人生，看起来就像是简单难度的游戏。

有的人被称为欧皇，满身欧气，出身点满幸运值，一辈子顺风顺水，一而再，再而三地在恰好的时间遇见恰好的贵人提携，在他们看起来人生这盘游戏，似乎也不是很难。当然，这样的人通常只出现在影视文学作品里，俗称主角光环。

现实生活中，我们都只是普通玩家。如果不想一辈子做咸鱼，如果想这辈子能够有所成就，那么唯一的选择，就是干不死就往死里干，每一次机会都拼尽全力去争取，每一件事情都拼尽全力做到最好，在外人眼里，他们同样看起来毫不费力，但只有他们自己知道，只有拼尽全力，他们才能在人生这盘游戏里，取得足够高的成就。

游目骋怀，达人知命

> 做人有多大气，就会有多成功。
> 海纳百川，有容乃大；壁立千仞，无欲则刚。
> 因为胸怀，才是成功者的标志。

春秋五霸之首的齐桓公，年轻时曾在别国做人质。一日，他听闻兄长齐襄公去世，便急匆匆地赶回齐国，准备继承国君之位。其兄长公子纠闻讯后，为阻拦弟弟回国登基，便派出亲信管仲去截杀他。管仲在半路遇到了齐桓公的车驾，立时张弓搭箭，一箭射中了齐桓公衣服上的带钩。桓公为骗过管仲，假意倒在车中装死，这才逃过一劫。回到齐国后，齐桓公顺利地继承了国君之位。

消息传到管仲耳中，他本以为自己难逃一死。熟料齐桓公爱惜管仲的贤才，他非但没杀管仲，还对他十分尊敬，并封他为齐国的宰相。此后，在管仲的辅佐下，齐国国力迅速增强，齐桓公才得以九合诸侯，一匡天下，终成为春秋时的一代霸主。

海纳百川，有容乃大。有格局之人，有着大海一般宽广的气量，不会因他人的冒犯而睚眦必报，更不会因琐碎小事而斤斤计较。因为他们有着高远的理想和坚定的信念，并会在为此努力的过程中逐渐学会容事、容人、容天下。

永远相信会有一个更好的自己

阻碍你成功的不是你未知的，而是你对你的已知深信不疑。

"如果你不能从自己的辉煌中走出去，那么你的成功迟早会害了你。"

在讲这句话的时候，这位师兄并没有和一般人一样列举了柯达和诺基亚的例子。他讲的是自己的故事。

20世纪90年代的时候，相比于属于绝对奢侈品的大哥大，寻呼机的普及率要更广一些。这位师兄是最早把寻呼机引入他所在城市的，不仅搞定了两三个牌子的寻呼机代理资格，还和当地的联通达成了协议。在BP机最好卖的时候，这位师兄手里握着庞大的现金流，很多人都盯着他手里的资金，指望着他能入股自己的生意。到哪里都是座上宾，去哪里都是前呼后拥，许多人看他都是恭敬中带着讨好的眼神，听到的都是溜须拍马的赞誉。师兄说，在当时，他甚至一度有呼风唤雨的感觉，觉得自己很了不起，错觉自己是无所不能的。

但很快，水干了。当师兄还在囤寻呼机，囤吉利好听的寻呼机号的时候，手机的诞生，终结了寻呼机短暂而耀眼的辉煌。师兄并不是没有看到手机，甚至也意识到，这种更便捷的通信工具，比起要辗转好几道工序的寻呼机，有着更为广阔的前景。但师兄却还抱着侥幸心理，打算在寻呼机市场上，再赚最后一笔。他觉得，相对于那时候价格已经降到了几百元的寻呼机，初出江湖的手机昂贵的价格，实在是缺乏竞争力。一如在大哥

槐月

大面前靠价格优势得到了生存空间，他觉得，寻呼机依然可以在手机面前靠价格得到生存空间。只是他没想到，手机来势汹汹，甚至没给他抽身离开全身而退的机会。

成也寻呼机，败也寻呼机。师兄因此而颇有些伤筋动骨，但因为底子厚，好歹是撑了过去。而从中一事得到教训之后，师兄也积极顺应时代潮流和技术发展趋势布局，如今不仅是大品牌厂的一方总代，甚至还有一家不小的生产智能手机配件的公司，还跟投了几个市场占有率和用户评价还不错的 APP。

打破既有认知，拥抱发展趋势，才是通往成功的正确道路。

蒲月

风和日丽,五月榴花照眼明,枝间时见子初成。

这是一种相当巨大的精神力量

> 运用自我暗示的能力,在很大程度上,取决于你是否能够全身心投入已有的愿望,直至这种愿望变成一种无穷无尽的执着。

有这样一个试验:一只跳蚤可以跳很高,但如果用一个玻璃杯把它罩住,那么,在一次又一次的碰壁之后,这只跳蚤就会跳很低,即使拿开了玻璃杯,它也无法再跳出最初的高度了。这就是自我设限——你在潜意识里,封印了自己的能力。

自我暗示,就是和自己的潜意识的对话。潜意识是人类思想和潜能上的"暗能量",很多人把挫折当成失败,经不起几下折腾,就求饶认怂。还有人百折不挠,愈挫愈勇,抗挫能力极强。其实,挫折不等于失败,成功之前都得经受挫折。挫折也不可怕,真正可怕的是受挫以后的自我设限,把一时的受挫当成永久的失败,永久的放弃才是真正的失败。放弃了,不做了,虽不受挫折之苦,却丧失了信心和勇气,失败感始终萦绕心头。其实,你没你想象的那么不堪一击,困难也没你想象的那么不可战胜,别把一时受挫当成永久失败,只要你不承认自己失败,你就永远不会失败,只要坚持做下去,总有成功的一天。正确的挫败观可以帮助你走出自我设限的阴影。人生在于奋斗:突破自我,战胜自我,实现自我。

用心过好每一天

  自从来到这个世界，做人就贯穿了我们的一生。做人是我们终身的职业，这职业的特殊性在于，我们无法请假，无法辞职，无法将属于自己的工作移交给别人。所以，如何将人生过得更好，过得更有意义，关系到我们每个人的切身利益，也是我们每个人必须面对的首要问题。

  做人，是我们一生的事业。

  朋友老陈便是这么一个例子，知青返城时，因为舍不得下乡时结发的妻子，选择留在农村。他做些小生意，后来带着妻子南下广州，在这片对自由经济更宽容的土地上，积累了不小的身家。他是个豪爽的人，愿意帮助朋友，接济乡党，并不在意钱财上的得失，身份上的差异，算是广结善缘。

  海南的楼市一度火热，他也扎了进去，但他成了在海南楼市泡沫后大败亏输的那一拨。离开海南时不仅身无分文，还欠下了不少的债。回到广州，他振臂一呼，仍然有人愿意和他往来，借钱给他从头再来。因为人们相信他的能力，相信他能再挣一副产业；也相信他的人品，不是借钱不还，或者一走了之的人。

  事实也证明，老陈的能力强，人品好，这位几起几落，被笑称"五岳盟主"的商人，或许不是顶尖的豪商，却有口皆碑。而他也半开玩笑半是认真地讲：做人，是他一生最成功的事业。

蒲月

人生百态细细品

> 真诚地感恩逆境，它是一次人生的浴火，让我们得到锤炼；它是一个课堂，让我们学会了刻苦、忍耐、淡泊和宽容；它是一块"试金石"，使我们体味真正的友谊，体味冷暖人生；它是一笔财富，经历了它，会让我们精神富有，终生享用。逆境历练心志，教会我们体味真诚，体味人生，让我们心存感恩，在人生的道路上风雨兼程。

2006年，哈佛的一份调查报告显示，第一次创业失败的企业家，其二次创业的成功率高达约20%。不仅远高于初次创业成功率，并且和成功创业的企业家的二次创业成功率数据相当接近。可以说，一次创业无论成功或者失败，对创业者二次创业的帮助是相近的。显然，一次失败的创业经历对创业者的二次创业的帮助会更高。

现在的我们，缘于曾经经历过的一切。顺境自然可以积累经验，逆境也是一种更深刻的磨炼，既磨去我们性格中不合时宜的棱角，也磨出我们的锋芒。纵然失败了又怎样？失败的经验同样是经验，只要还有"再来一次"的勇气就好。就当是试错，排除掉一个错误的选项，在此后的尝试中，拥有更高的成功率。在失败的过程中，你也将暴露出那些需要改正的缺陷，弥补短板，发挥长处，变得更强大。

想是问题，做才会有答案

赢在行动，即使是不成熟的尝试，也胜于胎死腹中的策略。

前段时间公司接了一个黄山的项目，于是忙里偷闲去了黄山一趟。这片土地吸引我的，不仅仅是"五岳归来不看山，黄山归来不看岳"的天下第一名山，更是我辈楷模与先驱的徽商源地。

关于徽商，有这样一句话：前世不修，生在徽州，十三四岁，往外一丢。徽州地处皖南山区，山多地少，良田更少，能养活的人太少太少。为了求生存，不少人家的男孩子，长到十三四岁，就要背井离乡离开爹娘，跟着同乡的商队离开。这些人里面，不少一步一步成长为著名的大商人；但更多人，在那个道路交通不便，医疗卫生不堪的年代，不幸水土不服身染疫疾，最终埋骨他乡。在徽商作为一个地域性商团闻名于世载入青史的背后，是无数徽州男人散落他乡的累累白骨。

其实，不独徽商，从古至今，很多商人团体的兴起，都是有限的耕地与日益膨胀的人口之间的矛盾。简而言之，就是穷；但虽然穷，却不认命；不仅不认命，还付诸行动。

本身就穷，折腾对了就成了富人；折腾不对，大不了还是穷人；如果不折腾，一辈子都是穷人。一想，二干，三成功；一等，二看，三落空。想是问题，做是答案；输在犹豫，赢在行动！

蒲月

走我的路成我的才

> 一生中，总有那么一段时间需要你自己走，自己扛，不要感觉害怕，不要感觉孤单，这只不过是成长的代价。

人生这条路，可能有人会陪伴你一段时光，与你一路偕行，但归根结底，这条路还是要你自己走。脚下的路如果平坦，那是你的幸运。但纵然一路荆棘遍布、坎坷曲折，你也没有办法放弃。有人或许能扶你一程，但这是你自己的人生，终究不能靠别人抬着走。

一辈子总会遇见很多的人。有些人与你只有一面之缘，有些人和你只是擦肩而过；有些人会在你的生命中出现，却又倏忽不见；有些人来了又走，在你的生活里进进出出，却终究不能留下。其实你真正值得骄傲的，并不是你结识了多少人，不是得意时和多少人谈笑风生；而是你在失意的时候，陷入低谷的时候，还有多少人愿意真心实意地待在你的身边。

人这一生，归根结底，还是要自己过，要自己对自己的人生负责。

人人都当得起

　　一个人若想在社会上赢得一席之地，真正让人喜欢和重视，就必须实实在在地贡献自己价值和力量。在价值和力量的背后，一定有过无数不畏苦累、迎难而上的付出与坚定。努力这个词，也许很平常，但努力终将使你的人生不平庸。

蒲月

　　我们都是平凡的人，但这辈子，我们要不平庸地过活。

　　奋斗几十年，如今我也算是小有身家，小有事业，小有成就。当然，像我这样的人，在我的家乡并不算少。过年回乡，乡里乡亲难免有些羡慕，觉得我们衣着光鲜、出入豪车、出手大方，日子过得滋润。只是，大多数人只能也只会看到成功者在人前的光鲜；却看不到，为了维持这样的形象，我们曾经、正在付出怎样的努力。

　　20世纪90年代的市场变革之中，二十多岁的我，离开家乡闯荡。在我之前、在我之后，有很多人走上了同样的路。我们放弃了在家乡的安逸生活，选择去面对异乡的种种不确定性和时代浪潮下的无限可能。这是我们面临的第一个抉择，是很重要的一个；但这样的选择，甚至是更为艰难的选择，在我们之后的经历中，还会出现无数次。是我们的努力和选择，造就了我们今日的成功。

　　幸福都是奋斗出来的。人人都渴望拥有幸福，但幸福不会从天而降，也没有捷径可走，唯有奋斗！

你是可以出类拔萃的

> 人生的舞台不在别人眼中，而在自己心中。我们的倾力付出，不是为了获得别人的掌声，而是为了拓宽自己眼界的广度、心灵的宽度和见识的深度。当你发现自己每一天都比前一天变得更好，这就是值得骄傲的事。

灯光渐黯，最后一束光，打在舞台的中央。舞者保持鞠躬的姿势，优雅谢幕。台下，掌声经久不息。

无数媒体人和评论家献上自己的赞美，惊讶于她在这个年纪依然能打破人们的偏见和职业的窠臼，还能更上一层楼。

这是 1990 年的莫斯科。舞者准备着自己的谢幕演出，然后消失于人海。直到离世多年，她的妹妹整理了她的日记、随笔和信件，出版了一本回忆录，人们才了解到了这位天才舞者不为人知的一面。

她是个孤独症患者，除了自己，在她的眼里自始至终从没有第二个观众。长年累月，她只活跃在练功房、歌剧院与自己的公寓。而在那间四面装有镜子的练功房里，她日复一日地练习，甚至常常会弄伤自己。别人眼里的天才舞者，在她自己眼里却从来都不完美。她是最挑剔的观众，不能容忍哪怕一个最微小的瑕疵。但也正是这种苛刻，才最终成就了她的惊艳首秀，成就了中年时的突破。或许，对于这样一个天才病人来说，全世界都是空气，却有自己可以取悦自己，有自己可以欣赏自己，便是一种圆满的状态了吧。

要想人前风光，必定背后疯狂

> 想要得到别人得不到的荣耀，就要忍耐别人耐不住的寂寞，华丽蜕变的光环背后，总会饱含常人难以承受的辛酸。

这个世界或许存在一种等价交换，你想要得到什么，就必须付出什么。

很多人讨厌明星，但是敬重演员。前者或许是资本和运营的力量，但后者却是靠作品说话。前者的极致是流量明星，几乎纯粹只是资本推手推到台前用于收割粉丝的道具。自然而然的，德不配位的他们，很容易招致别人的反感，甚至被很多人毫无缘由地讨厌，天生的路人缘为负。后者的极致是老戏骨，随着年龄的增长，演技越发炉火纯青，但限于年龄，只能成为金牌配角。但即便是"万物皆可娱乐、调侃"的90后、00后，也会恭恭敬敬地称呼一句"老艺术家"。从《小兵张嘎》《家有儿女》起步的张一山，为何会在一众同龄人中被另眼相待？因为他很清楚，自己想要做一个演员，而不是一个明星。他沉下心在北电学习专业知识，打磨自己的演技，用心挑选适合的、有挑战性的角色，他很明白自己要走的路。或许，他不能如同流量明星一般骤然而起；但这样一步一个脚印，他终究可以走到一个足够的高度。

蒲月

有一种担当叫义无反顾

> 我们自己选择的路，即使跪着也要走完；因为一旦开始，便不能终止。这才叫做真正的坚持。

总有人一边一再抱怨自己，一边却又安于现状。他们对于如今的生活状态并不满意，想要改变，却只停留在"想"的层面，终究缺乏付诸行动的动力。其实，这样的人，不过是还没到无路可走的时候罢了。

人都是被逼出来的，所谓的坚持，很多时候，只是无路可走。当你面前有无数选择的时候，你会犹豫权衡；但当你没有了选择，那你也就只能硬着头皮，去闯一闯。是死是活，都好过半死不活。

你知道希望在前方，你明白路途在脚下，就像在走一条华山长空栈道那样的路，一面是不可攀缘的千仞绝壁，一面是深不见底的万丈深渊。你没有旁的路可走，只要不放弃，那就只能走这条凶险却是唯一的生路。有些坚持，是被逼出来的。这是你自己的路，没人能帮你走；而等你走完这段路，就会发现，你已经不是从前的自己。

选择微笑

> 微笑和沉默是两种有效的武器。微笑能解决很多问题，沉默能避免许多问题。

办公室里有一种人，不会招人厌，不会惹人烦。他们通常给人一种沉默寡言的印象，通常会在自己的位置上做自己的事，不轻易掺和别人的事，不会主动打听别人的八卦，也不会去炫耀什么。存在感不是很高，但通常会给人一种放心和安心的感觉。

而如果这样的人，可以在待人接物的时候，更多一个微笑，那么一定可以成为公司最受欢迎的人。没有人能讨厌这样的人，如果是女生，甚至会有人把她们当成微笑天使，即使她们未必有惹人艳羡的容颜。

很多时候，矛盾都是不会讲话惹出来的。讲话是一门高深的学问，不能奢求每个人都能精通和擅长。如果做不到，那么不妨闭上嘴、避开是非。而微笑是心灵的语言，一个真诚的微笑，在很多时候，都能化解尴尬、化开悲伤。拥有甜美微笑的女生，通常是无往不利的。而爱笑的男孩子，通常运气都不会差。

蒲月

极致人生，招招致胜

> 天下并没有真正的捷径可走，所谓绝招其实就是把一件简单的事情做到极致。

很多事情说穿了很简单，但即使说穿了，你仍然还是会有叹为观止的感觉。

川剧的变脸一直号称不传之秘，甚至有好事者煞有介事地称其为"国家机密"。实则，川剧的变脸并不是什么高深的技术。他们的帽子里面有机关，一张张画好的"脸"叠好安在脸上，随着遮挡的动作，快速缩回帽子里或者衣领里。但在"变脸"表演的时候，大家为什么看不穿呢？无他，在一个"快"字。有多快呢？拿普通的手机去拍，即便一帧一帧看，也只能看到模糊的影子。唯有在高速摄像机下，川剧变脸的秘密，才能够一览无余。

很多简单的事情做到了极致，就会让人们叹为观止。电视上看吉尼斯世界纪录，很多人的绝活，其实上手并不难，难的是日复一日地练习，难的是在枯燥地练习之中，可以不去放弃。任何事情都是如此，在一个小方向钻研无数年，下足够的苦功，你也可以成为一个领域的"大师"，拥有自己的"绝招"。这并不是你异于常人、禀赋出众，仅仅只是努力给你的回报而已。

总有些事需要自己扛

世上存在着不能流泪的悲哀，无法向人解释，也没有人能帮，如同无风夜晚的雪花静静沉积在心底。与其说出来博取无用的同情，不如咬着牙等雪化。没有人不辛苦，只是有人不喊疼罢了。

小孩子哭的时候很放肆，嗓门能吼多大，音量就调多大，但悲伤和泪水却未必很多。

成年人哭的时候很克制，声音能压多低就多低，最好可以静音，但悲伤和泪水却总是不能抑制。

为什么？因为小孩子的哭声是在博取关注，他们渴望来自别人的理解、安抚和安慰，通常来说，哭声都可以帮他们赢得这些。

而成年人的哭泣，却是真正的悲伤，他们同样渴望来自别人的理解和安慰，但他们更知道，人生这条路要自己走，所有的困难和责任都要自己扛，毕竟这辈子是自己过。

哭的时候，是放开，是压抑，某种程度上，就是一种成长的证明。

都说伤疤是男人的勋章，因为这些身体或者心灵上的伤疤，见证了他们的成长。这些成长留下的印记，一如年轮上的起伏，标志着他们的蜕变。每个人都是如此，逐梦的旅途上，我们会遇见荆棘和泥泞，遭遇坎坷和困境。但走过去了，回头再看这一切，都是云淡风轻，都是一路风景。

敢闯敢拼不屈服

> 生活是个"势利眼",它眼里只有高高在上的人,要想让它瞧得起,你就得直起腰板做人。

有些人仰头看着光鲜亮丽的明星和富豪奢靡的生活,却少有能够低下头看看社会底层人的生活。

但另有一些人是可以得到生活的尊重,甚至是敬畏的。他们宁折不弯,在这个处处充满了绥靖精神的社会中,选择了决不妥协。他们站着做人,挺起腰板做人,活得堂堂正正、亮亮堂堂、响响当当。即使在漫威英雄横行于市的年代,孙悟空为何还能成为一代又一代小男孩心目中的英雄?《悟空传》里有一句话:我要这天,再遮不住我眼,要这地,再埋不了我心,要这众生,都明白我意,要那诸佛,都烟消云散!这一种反抗精神,或许才是孙悟空的精神内核所在吧。纵然,长大的男孩子,都会戴上金箍,成为天庭打工仔孙行者;但或许正是如此,那个远去的、大闹天宫的孙大圣,才能让人向往。

——大圣,此去欲何?

——踏南天,碎凌霄。

——若一去不回……

——便不回。

纵然结局已经注定,但豪情万丈,何妨向死而生闯一闯?

有限的生命，创造无限的价值

> 人之成熟，就是接受自己的局限性。
>
> 知道自己的能力和精力是有限的，接受有限方可无限，无为方可有为。

还在小学任教的时候，我曾经在班会上，问过孩子们的志向。有人说想当宇航员，有人想当科学家，有人想当大明星，有人要做大富翁。几十年的时光匆匆而过，大部分的孩子都没有实现自己的梦想。他们是普通人，过着普通的一生，有普通的生活、普通的家庭，还有普通的子女，梦想着成为了不起的人。尽管，一代代循环，他们之中的大多数，终究还会是普通人。

儿童时期的美好就在于，他们有权利做最美好的梦，拥有最远大的理想，因为他们的人生才刚刚开始，还拥有无限的可能。而成年人的局限在于，他们往往需要很努力，才能过上普通的生活；而曾喊出口的梦想，如今却已经选择放下。

但，认清现实，又何尝不是一种成熟呢？认清自己的平庸，本身就是一种自知之明。人生的精彩之处在于挑战不可能，但在迎接挑战之前，你得找准自己的定位，明白自己的能力所限，方能在一个踏实的起点，起跳不可限量的未来。

蒲月

不放弃

> 人生最遗憾的，莫过于轻易地放弃了不该放弃的，固执地坚持了不该坚持的。

钢铁侠的扮演者小罗伯特·唐尼，大概是在年轻人中知名度最高的欧美演员了吧？如今功成名就、风光无限的他，年轻时却是一个浪子，吸毒几乎完全毁掉了他的人生。

但他并没有选择放弃，一边对抗着药物成瘾，另一边选择在百老汇打磨自己的演技。在若干年后，他终于得到了一个机会——在漫威电影中饰演钢铁侠。钢铁侠在漫威曾经的体系之中，并不是人气最高的角色，甚至排不上第一梯队。只是，很多漫画中的人气角色的影视版权，早就在之前被卖给了不同的公司。钢铁侠，只是漫威孤注一掷最后一次尝试时，一个不得已的选择。

但是出人意料的是，伴随着电影里钢铁侠一飞冲天，电影"爆"了，漫威"爆"了，小罗伯特·唐尼也"爆"了。伴随着漫威电影宇宙的构建，这部纵横十余年至今不显颓势的票房收割机横冲直撞，小罗伯特·唐尼也成为知名度和片酬最高的顶级影星，他的角色成为新版漫画中的绝对核心。

我们一直都在寻找的，却是原本早已拥有的；我们总是东张西望着，唯独漏了自己想要的，这就是我们至今难以如愿以偿的原因。无论你从什么时候开始，重要的是开始后就不要停止；无论你从什么时候结束，重要的是结束后就不要悔恨。

在路上，让生命远行

人生最精彩的不是实现梦想的瞬间，而是坚持梦想的过程。

从1997年的"大船"上，为爱情不惜生命的翩翩美少年；到2016年在熊口下挣扎求生的狼狈中年，一座奥斯卡影帝的奖杯，莱昂纳多·迪卡普里奥，等了足足20年。

奥斯卡对商业片的偏见由来已久，《泰坦尼克号》这颗世纪末的眼泪炸弹和票房炸弹在大爆的同时，也几乎给这部影片的男女主角判了"死刑"。尤其是莱昂纳多，"小鲜肉"从来不是"老白男"的菜。这注定了，莱昂纳多的奥斯卡影帝之路会比一般人坎坷无数倍。在这条路上，他选择了《飞行家》这部传记电影，莱昂纳多在片中贡献了不凡的演出，传记电影又是奥斯卡的常客。但这一年，他并没有如愿以偿。

再之后，《无间行者》《血钻》《盗梦空间》《了不起的盖茨比》《华尔街之狼》……他寻找受奥斯卡青睐的题材，和"奥斯卡亲儿子"的导演合作，屡屡渴望被奥斯卡"招降""收编"，却收获了一次又一次的失望。

直到《荒野猎人》。站在奥斯卡的领奖台上，莱昂纳多是兴奋的。但离开了领奖台，在庆祝晚宴上，他对他的小金人却并不怎么在意。或许，这么多年的努力，终于开花结果；真正珍贵的，不是眼前的奖杯，而是回望这一路，脚印和汗水的充实吧。

蒲月

坚持每天进步一点点

> 人生因有梦想，而充满动力，不怕你每天迈一小步，只怕你停滞不前。坚持，是生命的一种毅力！

水滴落在青石板上，跌得粉身碎骨，摔成了十八瓣儿。

大青石是很无所谓的，它自矜于自己的坚固，从来不觉得这小水滴，会是什么对手。

但渐渐地，它不再这么认为。一滴滴的水珠掉下来，前赴后继，昼夜不息。渐渐地，渐渐地，大青石上有了一个坑，不是很深，却让它变得不再平整。

它开始抗议，但没什么用，水滴还是一滴一滴地往下掉，不是很快，但从不迟到。青石板上的坑，渐渐越来越深，终于有一天，整个石板，被穿了一个孔。

水滴石穿，是坚持的力量。积累每一个细节的完美，才能获得大的完美；积累每一个微小的胜利，才能获得最终的胜利。

很多时候，我们做的事情，并不是那么容易，就能有明显的成效。但这并不意味着，我们就是在做无用功。每一次哪怕只有最微小的进步，也是向着最终的目标前进了一步。不管这个目标多远，走下去，终有一天，可以抵达终点。

好生活就是这样过的

> 人生要学会沉淀，沉淀经验，沉淀心情，沉淀自己。
> 不管昨天、今天、明天，能豁然开朗就是美好的一天。

小时候村里还没有通自来水，喝水就要从河边挑水、井里打水。水从外面挑回来、担回来，然后倒进一个大大的水缸。水缸里的水不能直接喝，要放明矾沉淀，过上一段时间，等上层的水变清澈了，这水才能喝。

水因为沉淀而清澈，人因为沉淀而纯粹。一个纯粹的人，一个脱离了低级趣味的人是很"可怕"的。他们往往可以为了一件事情拼尽全力，不达目的不罢休。世俗红尘之中的诱惑，并不能成为他们的阻碍。某种程度上来说，他们要么是伟人，要么是圣人，反正，不是普通人。

一般人或许做不成这样的人，但懂得沉淀，对自己的人生没什么坏处。相反，还有很多好处。经验这种东西，不是说你经历了就会有；就像很多人浑浑噩噩活了几十年，还没活明白。经历只有经过了沉淀，经过了总结和反思，才能成为经验。

沉淀经历，才能获得经验；沉淀心情，才能轻松上阵；沉淀自己，方能成就更为优秀的自己。

你的表演决定了你的收视率

> 人生是一场没有彩排的演出，我们每一个人都是演员。只不过，有的人顺从自己，有的人取悦观众。

有的人活得很自我，有的人活得很卑微；前者只想过好自己的生活，别的不去计较太多；后者总是习惯讨好别人，最后却把自己的生活过得一团糟；前者往往是强者，是成功者，最不济也能成为自己的主人；后者的人生往往悲哀，因为他们弄丢了自己。

在这个时代，活得我行我素一点，其实没什么不好；总有渴望成为你、像你一样的人，成为你的拥趸和崇拜者。这样的人天生拥有领袖气质，能够吸引别人加入他，和他一起实现他的想法。

最可悲的莫过于盲从者，轻易被人左右自己的想法，总是陷入自我怀疑，把自己看得太轻，没有主见，更没有坚持，风来了被风吹着跑，水来了就随波逐流任意东西。

你要记得，这一辈子，你才是自己的重心。不要在生活，在人生中失掉自己。

保持善念

> 人生就是一场修行。每一件事都心平气和地去做,每一个人都和善亲切地去对待,时刻让自己保持一颗善心善念,这就是最好的修行。

第二次世界大战的一天,盟军统帅艾森豪威尔从法国某地乘车返回总部,去参加紧急军事会议。那一天,天气严寒,大雪纷飞。就在一路疾驰的途中,艾森豪威尔忽然看到一对法国老夫妇,他们坐在路边,冷得瑟瑟发抖。艾森豪威尔立即命令停车,让翻译官下去询问。这时,车上一位参谋提醒说:"我们必须按时赶到总部开会,这里交给当地警方就可以了。"

艾森豪威尔却坚持道:"这里前不挨村后不着店,等警方赶来,他们早就冻死了。"经过询问得知,这对老人是去巴黎投奔儿子,但是汽车中途抛锚,茫茫大雪之中正不知该如何是好。艾森豪威尔听后,二话没说,立即请他们上车,并特地将他们先送到巴黎,然后才赶回盟军总部。

然而,事后的情报让所有人震撼不已。

原来,在艾森豪威尔的必经之路上,早已有德国的伏兵提前埋伏在那,但暗杀却流产了。他们哪里知道,艾森豪威尔因为救那对夫妇,临时改变了行车路线。

历史学家评论说:一个善念躲过了暗杀,否则历史将改写。

一个人,不一定要时时行善,但一定要时时刻刻保持善念。

只要是经历就是最宝贵的

> 人生就是生活的过程，哪能没有风、没有雨？
> 正是因为有了风雨的洗礼才能看见斑斓的彩虹；
> 有了失败的痛苦才会尝到成功的喜悦。

没有谁可以一辈子躲在温室里，因为，为你遮风挡雨的人，总归会老去。自己的责任要自己扛，自己的人生要自己过。该是你承受的风霜雨雪，这辈子总归躲不过。你应该看看朝阳，那是对熬过黑夜的人，最高的奖赏。

其实每一次打击，都是一次心灵的洗礼；每一次的失望，都促使着内心成长。每个人，都应该经历酸甜苦辣、坎坷磨难，所谓的固执与执着，必须要经过时间的考验与岁月的沉淀。最终，我们才会明白，才会懂得，才会清楚地知道，我们所希望的是什么，所想要的是什么。

拼命努力绝对会有希望的，真心付出绝对会有回报的，如果还没有，那肯定是换了一种方式回馈于你。你的汗水不会被辜负，你走过的每一步，都算数。

我们确实要审慎地过好每一天

> 人生百年从一开始就在倒计时，不要让无谓的琐事耗费有限的生命燃料。
>
> 不值得做的事情，最好不做或尽量少做。

从出生的那一刻起，我们就一天比一天更接近死亡。我们拥有的时间，一天比一天少。生命就只有一次，所以除了这一生，我们也没有别的时间。

时间对于每个人来说，都是一种只可消耗不能获得的不可再生资源。所以，我们要珍惜时间，珍惜生命，别轻易就浪费了我们这一生最大的资本。坐拥无数财产的富豪，无法用自己的全部财产去获得多一秒的生命。但街边无所事事的流浪汉，却晒着太阳捉着虱子，任时间白白浪费。

所以，在有限的一生之中，我们要学会抉择。如果一件事情于人于己都无益，自然不值得去做；如果一件事情能够比另一件事情产出更高的价值，那我们就要学会取舍着去做。

奥斯特洛夫斯基在《钢铁是怎样炼成的》一书中，如此写道："人的一生应该这样度过，当他回首往事的时候，他不因虚度年华而悔恨，也不因碌碌无为而羞愧。当他临死的时候，他能够说：我的整个生命和全部精力都献给了世界上最壮丽的事业——为人类解放而斗争。"

人的一生，总该做一些有意义的事，自己喜欢的事，才不负自己，来着世界上走过一遭。

蒲月

人品是最重要的标签

> 人品是一张标签，记录你的言行，体现你的修养。它是你生活中的通行证，也是你人生中的金奖杯。

我常常和人说，做生意与人合作，第一看人品。能力不行的人，也许不能给你带来成功，带来利益；但人品不行的人，就像一只尖牙锐爪的猫科动物，能力越强危害越大。没有人愿意把后背交给一只会对你虎视眈眈的豺狼，因为你知道，在你面对危险的时候，还得提防，来自背后的匕首。

人品是每个人最重要的标签。当今社会，信用是一种稀缺资源，可以在银行变现。而好人品，就如同一张额度无上限的信用卡，只要你维护好自己的人品，它就能为你带来源源不断的益处。

人生在世，首先应当追求的是优秀，"子欲为事，先为人圣"。稻盛和夫说，人生的意义在于磨炼灵魂，单纯的原理原则就是不可动摇的人生指针。人品是最好的学历，对自己人生的责任心，是其余一切责任心的根源。"朝闻道，夕死可矣"，这就是中国人，就是有传承、有历史、有文化的中国精神。

不破不立，破而后立

> 品味生活，完善人性。
> 存在就是机会，思考才能提高。
> 人需要不断打碎自己，更应该重新组装自己。

什么是百炼成钢？其实，这是一个不断被打碎和重组的过程。随着一次又一次的击打，钢铁之中的杂质会被排出，那些细微的、不够坚固的部分，会被打破。整块钢铁就像是被不断揉搓的橡皮泥，在这个过程中，逐渐成为一块匀质的钢块，整体统一，不再存在致命的弱点。

从铁到钢，这个不断打碎又重组的过程，将其品质升华。人其实也是一样的。谁也不是生来就有不漏金身，做什么事情都能圆融如意、滴水不漏。人人都有缺点，人人都有坏习惯，而改正缺点、戒除坏习惯，就是人从铁到钢的过程。我们经历的一切，都会成为我们的经验，在未来的时光中，成为我们的能力。

所以，失败并不是一件可怕的事情，只有失败者才会因为一次的失败而一蹶不振。而强者会得出这样的结论：此路不通，只是暂时排除了一个错误的选项而已，这仅仅意味着，你离成功更近了一步。

欲速则不达，功到自然成

> 急躁的社会，急躁的步伐，你我大多数都是急于得到结果的人，可越急躁，则越是让自己找不着方向。那何不把心放静，眼观全局呢？

20世纪八九十年代，中国人怀着种种忧虑的急躁，推出了一系列的"少年班"，各种神童层出不穷，屡屡见诸报端，然后被特殊对待、特殊培养；别名"神童班""天才班"的少年班，就是那个年代这种情绪下的产物之一。

然而，若干年之后再回头看看，这些曾经的神童们，其实并不如我们当时的期望一般，成长为我国在科学技术领域的大拿乃至擎天柱。实际上，他们之中的大部分人，印证了"小时了了，大未必佳"的成律，不是泯然众人，就是过得还不如普通人。

同样的情况也出现在早些年的很多高考状元身上，进入清华北大之后，这些状元未必会是同届学生之中最优秀、最出色的；等到了社会上，能够取得更高的成就的，往往也不是他们。有人觉得，"书呆子"会读书，却不会做人。实际上，真正的原因是他们在成长的过程中，少了很多正常人会有的、应该有的经历。这些人情世故和挫折，对于一个人的成长，其实至关重要。所以，少年得意，未必一辈子得意。静得下心、沉得下气的人，往往才是半途超车、逆袭成功的主力。一步一个脚印地前进，比一时的奔跑如飞，离成功更近。

互相成就

　　磨石是快刀的朋友，草原是骏马的朋友，障碍是意志的朋友，困难是胜利的朋友。命运不是天能注定的，命运是依人奋斗的程度、由人自己来决定的。

　　在自然界中，瞪羚和猎豹应该可以称得上是一对互相成就的对手了。在物竞天择的自然演化中，猎豹挑了瞪羚作为猎物，瞪羚为了不被猎豹吃掉，只好跑得更快；猎豹为了追上瞪羚，也只好让自己跑得比瞪羚更快。千百万年的演化之中，东非草原上跑最快的一对对手就这样出现了。

　　与之相反的例子是鸮鹦鹉，生活在被称为进化孤岛的新西兰及附近岛屿上。由于岛屿上没有天敌，鸮鹦鹉长得越来越胖，看起来像一只咕咕鸡而非鹦鹉。它们是世界上最重的鹦鹉，而且失去了飞行能力。

　　但这样的好日子，在毛利人入侵之后成为过去。这种行动迟缓的鹦鹉，身上的肉比一般的鸟多得多，捕捉难度几乎为零，羽毛还挺好看。于是它们就成为毛利人的最爱。这些傻鸟在之后数百年里快速消亡，一度濒临灭绝。如今，经过数十年的人工介入保护，其种群依然只有一百只上下，随时都有可能灭亡。

　　只要你不被打倒，你的对手，其实也在成就你。

蒲月

我命由我不由天

> 命运就像自己的掌纹，虽然弯弯曲曲，却永远掌握在手中。

其实很多东西，就掌握在我们自己手中。比如快乐，你不快乐，谁会同情你的悲伤。比如坚强，你不坚强，谁会怜悯你的懦弱。比如努力，你不努力，谁会陪你原地停留。只有把命运掌握在自己手中，才能寻找到生命的闪光。

从今天起要努力，即使看不到希望，也要相信自己。不是每个人都能成为自己想要的样子；但每个人都可以努力成为自己想要的样子。相信自己，你能作茧自缚，就能破茧成蝶。工作遇到挫折，你退缩，说难；生活遇到困难，你抱怨，说苦；总怨天尤人，唉声叹气，不过是成全别人的成就，悲观了自己的路。即使今天不如意，但你年轻，努力便有未来。

世界上最可怕的两个词，一个叫执着，另一个叫认真。认真的人改变自己，执着的人改变命运。如果奇迹还有另一个名字，那么它叫奋斗。只要在路上，就没有到不了的地方。最终，你相信什么，就能成为什么。

不厌过往，不惧将来

用豁达释放纠结的过去，用坦然迎接不可知的未来。

成熟的思想有这样一种体现：你能够对周围的一切进行很好的分类，因事而异，区别对待。思想太过幼稚，才会令你的行为暴露了你的本质。

你不要固执己见，也无须心机算尽。生活是所有人都在经历的，跌宕起伏也几乎是每个人都会走过的。这里不是你的个人专场，请不要随便加戏。

心不大，就不要往里面装太多东西了。

你要明白，走得长远，不一定要穿透所有岩石。人类的生命不似水流般漫长，在有限的生命中达到自己的人生目标，无疑需要坚韧的毅力与耐心。但更重要的是，把它们用在该用的地方。

人生需要豁达和坦然，但不是为了从别人的口中得到这样的标签，而别扭着自己做样子给别人看。真实与故作真实总还是差了些意思，累心累身，每天还担惊受怕被拆穿。毁了人设不说，你这样活着，一点也不豁达坦然。

蒲月

实践是检验人生的唯一方法

> 经验,是经历经过验证后得出的结论。讲一万句不如自己摔一跤。眼泪教你做人,后悔帮你成长,疼痛是最好的老师,体验每一个当下。

家里有孩子的都知道,大部分小孩子是听不进你讲的道理的,非得真的栽了跟头,才能稍微长点记性。因为,只有切身的疼痛,才能帮他们记住,什么是危险的,什么是不该做的,如果做了,会有怎样的后果。

但其实不单小孩子是这样,长大了,我们依然还是重复这样的过程。人人都说创业艰难,但还在校园里,或者刚刚踏上社会的孩子,总会觉得自己有一个天才的想法,分分钟就是下一个亿万富翁。只有经历过创业失败,他们才能看清自己的局限在哪里。即便人到老年,仗着有一辈子的经验,不听家人的劝解,上了 P2P 或者三无保健品的当,他们才会明白,骗术这东西也在日新月异,老经验也防不了新套路。

我们总要亲身经历,才会更深刻地明白一些事情、一些道理。但这浑身的伤疤,也见证了我们的成长。如果可以吸取失败的教训,成功,想必就更近一步了吧。

金钱非万能

我问金钱：怎样才算没有浪费你？

金钱说：如果我能带给你快乐、愉悦、幸福、满足的感觉，那么我只是换了一种方式属于你。

20世纪90年代，我在广东的一家酒店任职。保安部有个老乡，刚出来打工没半年，挣到的每一分钱都恨不得能存起来，对自己很是苛刻，舍不得花舍不得用，生病了都靠自己扛着。

本着乡里乡亲的，于是我在休息的时候旁敲侧击，问他是不是家里困难。结果出于意料，这小伙子家里条件虽然说不上富裕，但也不算困难。家里兄弟姐妹挺多，但都已经大了。父母身体健康，家里盖起了三层的砖房，乡邻有的电器家具，他们家也不缺。在一个村里，他们家的日子，算是过得顶好的那一拨。他舍不得花钱的原因是他觉得钱在身上才踏实，用出去，就好像心里缺了一块。

于是，我便问他："你挣钱是为了啥？"

他想了想："过好日子了。"

我再问："你挣到钱了吗？"

他看着枕头底下用蓝布手帕包着的厚厚一叠钱，回答："挣到了。"

相对于彼时算不上富裕的家乡，那时候的广东处处黄金，至少工资水平是要高好大一截的。不足半年，小伙子攒下的钱，就抵得上父母在地里刨食好几年的。

我再问他："那你日子好过了吗？"

蒲月

159

小伙子看看自己身上，除了制服，自己的衣服还是出门前爸妈给准备的，来了广东，也没买过新衣服。身上的衣服，反而比出发的时候更旧了。想想这半年，因为舍不得花钱，同事、老乡的聚会，他是一次都没参加；别人谈起了女朋友，他却还是孤身一人。再想想以往在乡里的时候，那种与邻里同龄人间相处的快乐时光……这半年光工作了，过得还不如以前在家乡的时候。

然后他便明白了，钱花出去才是钱，钱是让自己的日子过得更好的，钱光攒着就只是一堆纸片，能让自己心里踏实，却不会让自己开心。用钱交换来更好的生活，才是钱存在的意义。小伙子开了窍，后来做起了生意，在时代浪潮中赚了一笔钱，回到家乡之后，做餐饮，做服装，做娱乐，在当地也算一方豪商。他不仅从我这一番话中，走出了自己的心灵迷宫，还从中悟出了一番商机。

荷月

骄阳似火,
毕竟西湖六月中,
风光不与四时同。

我要这张通行证,不要这块墓志铭

坚强是成功者的通行证,懦弱是失败者的墓志铭。

成功其实是一个不断试错的过程,一次次失败会告诉你"此路不通"。只要方向没错,那么排除了所有错误的路,最后一条就必定通往成功。

只是,大部分人都接受不了一次又一次失败的打击,往往在若干次失败之后就选择放弃。放弃其实也没什么错,只要你不后悔;只是大部分选择放弃的人,其实都是弱者,他们会在成功来临之前选择放弃,也会在别人达成目标的时候心里泛酸产生后悔的情绪。

有时候,成功离你可能就隔着那么一张纸,捅破了,你就能见到光,见到你所要的。但是,你可能已经被一路上遇到的墙,弄得失去了信心。你觉得这可能是又一堵墙,就像你之前打碎的那样;你还觉得,在这堵墙的后面,还有更多的墙,你想要的不会刚好就出现在这堵墙的背后。

但历史一再告诉我们,很多时候,事情就是这么巧。成功离你很近,就在你"再坚持一下"的前方。

成功者字典里就没有放弃两个字

> 如果还没有达到目的就放弃，那你就是一个"懦夫"。懦夫永远不会取得成功；胜利者永远不会选择放弃。

2010年的贺岁片《七十二家租客》里，曾志伟饰演的哈公和张学友饰演的石坚，是从小一起长大的好兄弟，他们同时喜欢上了袁咏仪饰演的小桃红。最终，两个人用一种荒谬的方式——比谁尿更远，来决定心爱的姑娘的归属。石坚成为失败者，而他和哈公也最终反目，对街开着手机店——开Phone府和鼎泰Phone，成为商业上的竞争对手。若干年后，石坚和小桃红在面馆狼狈地相遇，小桃红叹惋地说出一句，如果你当时再坚持一下，我会选择你。

很多时候，很多事情，其实都逃不过"坚持"两个字。张巡守睢阳，为唐王朝守住了最后一片赋税重地，为王朝保留了反击的资本。坚持到最后的时候，睢阳城里已经是"人相食"。这样的坚持还有意义吗？有，或许对于睢阳城里的百姓来说，投降并不定是个最坏的结果，但对于中原文明来说，这种坚持是值得更是必要的。睢阳城破到尹子琦授首，仅仅只有三天，这短短的时间差，张巡没能守下来，但这短短的三天，尹子琦也来不及祸乱江淮。睢阳的坚守，守住了中原文明，其意义在张巡配享凌烟阁、陪祀历代帝王庙中，得到了肯定。你的坚持，将会成就你。

荷月

活在当下就什么都有了

> 活在昨天的人失去过去,活在明天的人失去未来,活在今天的人拥有过去和未来。

都说时光如风,人生若梦。在这匆忙的生命里,人往往不是在热衷于拾捡往事,在曾经里遗憾叹息,就是在痴迷憧憬未来,在虚幻里妄想徘徊,而常常忽略了当下眼前。殊不知,活在过去,昨天太沉重,活在将来,明天太遥远,唯有活在今天,才最真实。都说生活如诗,生命有远方。在这美好的渴望里,人莫不希望这一生琴棋书画诗酒花相伴,风花雪月云水禅相依。可终究还是逃不脱柴米油盐酱醋茶,躲不过俗世烟火江湖风,过着锅碗瓢盆的平淡生活,度着喜怒哀乐的琐碎日子。殊不知,理想太丰满,现实太骨感,心或许可在云水间飘游,但身却总在凡尘地搁浅。唯有脚踏实地,才最踏实。都说岁月催人老,人生如过客。在这短暂的旅途中,人都在寻找所谓属于心灵的原乡和属于灵魂的归宿,寻找安身立命的栖息地。可匆忙恍惚之间又忘了来路,不知归程,迷失了自我。殊不知,一个人执着痴迷地离开现实向外追求,不仅找不到原乡和归宿,连自己也会找不到。唯有在心中找到了自己和立脚地,才算找到了本性,方可活得洒脱,活得精彩,活得自在。

家是游子永远的港湾

回家是世界上最美的归途，回家过年是天底下最幸福的事情。

让爱回家，儿女是每个父母永远的牵挂，别让父母的爱成为永远的等待！

对于在外漂泊的游子来说，家永远是个牵挂。每到过年，家就成为心头那永远割舍不掉的心事，家和年割舍不离，家就是根，家就是亲情……它萦绕在每个游子的生命里。每到过年，那段短短、长长的归乡路，也就成为每个在外游子的"征程"。我在路的这头，家在那头；我在这头，母亲在那头；我在这头，期盼在那头……

在中国人的心结里，安居方能乐业，家才是日常生活的终极梦想。在大地上安居，在屋檐下相守，其实就是一个延续几千年下来的中国梦。

回家，千万别等。世界上有些事需要等待，早起的闹钟，上班的地铁，中午的外卖。也有很多事经不起等待，缤纷绚烂的烟火，转瞬即逝的彩虹，快速老去的父母……父母老得太快，根本经不起别离与等待。在父母快速老去时，我们能做的就是努力追上他们老去的脚步，有机会就回家一趟，有时间多留给父母，不要等到来不及了，才追悔莫及。

荷月

你想成为哪一种人

> 愚痴的人，一直想别人了解他。有智慧的人，却努力地去了解自己。

一项社会学研究证明：那些了解自己并知道别人如何看待自己的人，往往生活得更幸福。

他们会做出更明智的决定；他们在生活和职场中拥有更和谐的人际关系；他们会养育出更成熟的孩子；他们本人则是更聪明、更优秀的学生，可以选择更好的职业；他们富于创造力，更加自信，也更善于沟通；他们不那么激进，很少撒谎、欺瞒和偷窃；他们在工作中表现得更加出色，晋升机会也多于别人；他们是更高效的领导者，其下属也更富热情与活力；他们甚至会带领公司获得更多利润。

人最陌生的面孔是自己，除了照镜子，其他时候并不能看到自己的脸。人们对于他人的缺点及过失，观察得清清楚楚，但对于自己的过错常常不知，因此我们在责备他人时非常严厉，责备自己则过分宽容。所以我们在思想行为上，亦当常常照照镜子，先观察自己的一切行为举止，是否越轨，自己的思想言语，是否污秽，不要只顾注意他人过失，而疏忽个人的缺点。我们当认识自己，有自知之明。

做一个善于观察的人

　　欣赏一个人，始于颜值，敬于才华，合于性格，久于善良，忠于人品。

　　一个人从表到里，可以分为五个层次：外貌、能力、脾气、品格、品性。对应的品质同样是五个层次：颜值、才华、性格、善良、人品。这五个层次，既是身处世间的识人之法，也是涵养内心的修行之途。

　　容貌是天生的，气质却是后天养成的。你的气质里，藏着你走过的路，读过的书和爱过的人。真正的才华与智慧，是一种见识。他们的魅力来自由内而外散发出的一种气质。这样的人，可敬、可交。性格，一半是天生，一半是养成。物以类聚，人以群分。同类性格的人容易合得来，投脾气。而能与绝大多数人合得来，就需要有修养，温和持重，如同古人所言，"望之俨然，即之也温"！善良就是与人为善，只有善良才有长久的影响力，当一个人心中只有善念的时候，一切尘世间的浮华光景早已退却，只有一个个平等和应该尊重的灵魂。欣赏一个人就是欣赏他的人品。人品好的人，自带光芒，无论走到哪里，总会熠熠生辉。

　　始于颜值，敬于才华，合于性格，久于善良，终于人品。做人如此，交友亦如此。世间纷扰，乱象敝目，混沌蒙心。守得住这条正道，才能在万千人当中，交下最值得交的那个；在万千种选择中，选出最有意义那种。

荷月

当行则行，当止则止

当前进的方向不明确时停下来就是进步；
当前进的目标明确时停下来就是倒退。

埋头苦干的老黄牛，绝不是老板最喜欢的员工；因为很多时候，他们只有苦劳，却未必有功劳，他们只会埋头苦干，却从来不会去想一想，是不是还有更快捷的方式。他们不会主动去改进工作方法，增进工作效率，甚至犯了牛脾气以后，都不管自己的方向对不对，死磕到底，磕死自己。有时候当老板的也挺无奈的，毕竟这样的员工，出发点是好的，态度是认真的，唯独结果不一定美好罢了。

其实，认准目标，咬定青山不放松的坚持，并不算什么错。错的是，你认准的目标是不是真的正确？就算曾经正确的目标，随着万事万物的发展变化，是不是依然正确？

所以，与其一条路走到底，甚至一条路走到黑，不妨时不时抬头看看，自己的方向和路线是不是有什么错。毕竟，这样才能避免"南辕北辙"。

要较真，但不是一根筋

老和尚问小和尚："如果你前进一步是死，后退一步则亡，你怎么办？"

小和尚毫不犹豫地说："我往旁边去。"

遭遇两难困境时换个角度思考，也许就会明白，路的旁边还有多条路。

儿子上小学的时候，有一天从同学那里听了个脑筋急转弯，放学的路上就急匆匆地要考考我。问题是这样的：你走在一座独木桥上，前面有狼，后面有虎，你要怎么做才能活命？

我不知道抖机灵的正确答案是什么，第一反应是，我可以从桥上跳下去啊。

儿子反应过来说不算，河里还有吃人的大鳄鱼。

呵，前有拦路后有追兵，还不让我下水，怎么办？那，上天吧！

于是，我跟儿子说，可以找只大雕，抓着我的肩膀把我带走。那时候电视里正好在放《神雕侠侣》，儿子特别迷这部电视剧，自然知道那只可以载着两个人飞的雕兄，于是只好默认我这在现实之中实现不了的办法。

但他仍然不死心，问我要是没有雕怎么办？我想了想，"那就趁着狼扑来的时候，转身用腰劲，把狼甩向老虎。不论是老虎和狼打起来，还是两个一起滚下去喂鳄鱼，我都安全了。"

这世界上本没有路，但在有的人眼里，处处都是路，自然也不存在什么绝路。

现在开始正是时候

> 没有人能让时光倒流，然后再重新出发，但所有人都可以从今天开始启程，去创造一个全新的世界。

很多时候，我们总觉得自己醒悟得太晚，以至于觉得留给自己的时间已经不多；追悔着希望时光可以倒流，能够回到过去，重新出发。然而，这显然只是妄想。其实什么时候出发都不晚。

《三字经》里有一个典故："苏老泉，二十七，始发愤，读书籍。"苏轼苏辙的父亲苏洵，小时候不肯读书，27岁才拿起书本。但这并不影响他与两个儿子并称"三苏"，名列"唐宋八大家"之一。

电影《返老还童》里有一句台词："人生从来都不会嫌太年轻或者太老，一切都是刚刚好。"什么时候都可以有梦和追梦，只要愿意出发和充满行走的动力，什么时候都不晚，都可以绽放属于自己的光芒。

只要你想成为一个有价值的人，只要你想开启自己的事业和成就，人生没有太晚的开始，只要开始就不晚，晚的只会是你总不鼓起勇气去出发，"没时间，来不及"这些只是低能量的借口。做一件自己喜欢的事情，朝着自己想要的方向前进，都是像呼吸一样重要的事情，让我们站在起跑线上往前奔跑。现在开始，正是时候！

坚守一个信念，你便什么都有了

任何事都是从一个决心、一粒思想的种子开始的。
以欢喜心做事，即使忙碌，也不会感到辛苦，反而觉得充实甘甜。
难行能行，难舍能舍，难为能为，才能升华自我的人格。

人生的辛苦，在于你做了太多自己不喜欢的事；时间最阴险的地方，不是夺走了你的年华，而是让你把所有事情都变成了习惯。做自己真正喜欢的事，听起来简单但又不易，面对这个纷繁扰攘的大千世界，我们的梦想渺小而无力，但只有不忘初心，才能方得始终，又怎么能说放弃就放弃呢。虽然人生可能必须做一些你本不喜欢，但却应该做的事情，也许只有把你该做的事情都做好了，才有可能去追求你喜欢的事情。做自己喜欢的事很难，拒绝自己不喜欢的事更难。但至少做任何事都要遵从自己的意愿行动，尽管你面对的是凛冽的现实，但依然能够坚持本心，不做违背内心的事。面对不需要的应酬，可以说不；认为不对的事，可以不参与。知世故而不世故，你会发现其实在工作之余，还有很多时间可以用来做自己喜欢的事，只有做过了，才能无怨无悔。

荷月

保持善良

> 保持善良是一种选择，更是一种品德。
>
> 在一切道德品质中，善良的本性在世界上是最需要的，因为它能唤起人道生活的复苏。
>
> 而善良不仅使人的心灵仁爱，也使人的视野宽广。

按照《自私的基因》中的理论，各种动物身上发生的"利他"行为，归根结底都是一种"利己"的行为。如果一种行为能够纯粹"利他"而不"利己"，甚至于己有害，那么这种行为就是违背生存本能和动物本性的。所以，人类的善良绝不是一种天性，而是一种后天习得的高贵品德。

我们呼唤"真善美"，因为本质上，这些人性的闪光点，其实都是一种稀缺的品质。但恰恰是这样的"真善美"，在人类文明的发展之中，扮演着一个无比重要的角色。

善良的人会对身边需要帮助的人伸出援手，于是人们开始互帮互助。爱心的传递，有时候就是这么简单，只是需要有人第一个主动付出。

善良的人会包容别人的缺点，原谅别人的过失，于是人们组成团队，而非孤狼式地生存。善良的人以爱消弭仇恨，让彼此争战不休的部落之间，由乱入治。

善良的人愿意分享自己的食物和衣服，拯救饥寒交迫的人；善良的人愿意分享自己的发明创造，让大家的日子一起变得更好。很多时候，善良都是文明发展的一种推进力。

感谢善良，感恩善良的人，是他们，让世界变得更美好。

路在脚下自己走

当你意识到是你决定了自己未来时，你就能更充分地体验人生。

当你不把自己的缺点、失败或胆怯归罪于他人，你就会为未来的圆满人生打下基础。

谁都觉得，生活欠自己一个"满意"；但事实上，是你欠生活一个"努力"。如果你对自己的生活满是抱怨，那么与其发着于事无补的牢骚，不如闭起嘴巴行动起来，更好的明天，需要你在今天去亲手创造。

如果你正在一生中最黑暗的时光，别指望会有人拉你一把；与其等待可能永远也不会到来的帮助，倒不如选择努力自救。如果你的世界黑暗无光，那就做自己的太阳。就像苏格拉底说的那样，每个人身上都有太阳，你只是要想办法放出光亮。

生而为人，请一定要努力。每个人都只能活这一辈子，除了这一生，我们又没有别的时间。难得有这仅此一次上台的机会，为什么不贡献出让人铭记的精彩演出？

做一个出彩的人，过精彩的一生，成为最耀眼的主角，而不是蹩脚的配角，甚至是没人记得的背景板。你要相信，你既然拿的是主角的剧本，那就千万别活成一个龙套。

悟已往之不谏，知来者之可追

> 大部分人往往对已经失去的机遇捶胸顿足，却对眼前的机遇熟视无睹。

当你在为之前错过的机会而痛哭的时候，你会错过正在你眼前出现的机会。

人人都想要后悔药，但后悔从来不是药。我们无法改变过去已经发生的事情，但却可以在当下，去改变可以改变的未来。没有什么宿命，其实只有认命。只要你不认命，那么，你的未来，谁都无法左右，只掌握在你自己的手中。

What's past is prologue. 凡是过往，皆为序章。当你放下过去的一切成功和失败，狼狈和辉煌，那么，一个崭新的未来就展现在了你的面前，恰如空白卷轴，等你涂抹色彩。

人要向前看，因为我们的人生只能向前，不能往回走。每一天都是新的一天，充满了未知，让我们不得不去冒险，尝试新经验，扩展个人的极限。但在这个过程中，我们也在不断成长。拿着旧地图，发现不了新大陆；总是跑一条航线，也永远成为不了伟大的船长。人不能活在过去，向前看，才能把人生过得越来越好。

只有深深潜龙勿用，才能高高飞龙在天

> 从做需要做的事情开始做起，接着就做应该做的事情，最后，你会突然发现，做起困难的事情你也可以得心应手。

当年刚刚进入解放日报集团的时候，我只是一名小职员，卖广告、卖版面，从来没想过，自己有机会、有能力去主导一份报刊。但仅仅两年时间，我就成为申江服务导报《申江楼市》总策划、责任编辑、项目总监；在后来，我又先后成为新闻晨报《晨报人才》周刊总策划，申江服务导报《申江人才》专刊总策划，文汇报《文汇人才》周刊总策划，《房地产时报》项目总监和总策划。从一个非科班出身的新闻人，到好几份报刊的总策划，这是一个非常大的专业领域跨度，但从一件件小事做起，我做到了成功跨界。

世界上没有不可能的事，你觉得这个世界上不可能的事情，是因为你没有试着去做。那些你觉得不可能的事情，其实根本不是不可能，只是你自己认为不可能而已。对一个根本不会去思考、去想办法的庸人来说，很多事情都会成为不可能！我们自己不可能做到，是因为我们真的无能，还是我们根本没有尝试去做？

荷月

这样离成功就不远了

从来不用担心我努力了不优秀,只担心优秀的人比我更努力。

《雷神》系列电影中,从大反派逐渐洗白的洛基,扮演者是汤姆·希德勒斯顿。很多人对他的印象停留在一张帅气的脸上,但他是个更有故事的男人。汤姆·希德勒斯顿在英国的威斯敏斯特长大,后搬家到牛津附近的一个村庄。12岁时父母离异令他对人性中的脆弱之处更加理解和同情。13岁时考入伊顿公学,毕业后升入剑桥大学彭布罗克学院修读古典文学,以双一级荣誉学位的成绩毕业。在校时,他常常登台表演各种节目,并为伊顿的多部校园剧写过剧评。他还是伊顿十五人橄榄球校队的队员,同时也是 Eton Society(常被叫做 Pop)成员。在剑桥大学就读的第二个学期,他凭借在《欲望号街车》中的表演被英国经纪公司汉密尔顿霍代尔的经理人洛林·汉密尔顿看中,之后他开始参演影视剧,剑桥大学毕业之后,汤姆·希德勒斯顿进入英国皇家戏剧艺术学院学习表演。他会七国语言:英语、法语、西班牙语、俄语、意大利语、拉丁语和希腊语。《雷神》试镜时,为了得到雷神一角,他特意增重20斤。结果试镜之后,被告知要演洛基,他又默默地减掉了这20斤。

优秀的人都比你努力,你还有什么理由不去努力。除非你习惯平庸,甘于沉沦,否则,你只有努力这条路可走。

所有人的成功都不是一蹴而就的

成功不是将来才有的，而是从决定去做的那一刻起，持续累积而成的。

"有一分劳动就有一分收获，日积月累，积少成多。"鲁迅的这句名言带给了我们深刻的启迪：成功源自积累。

生活中，我们都有过类似的境遇，当确立好一个目标后，我们起步走，目标是辉煌夺目的，而通往目标的路却是那么的漫长与崎岖，我们总会说："为什么成功总是那么难？"是啊，世上没有不费吹灰之力就可得到的成功，成功是需要我们去刻苦、努力，一点一滴积累的。不忍受一定的苦楚，任何人也不能摘取成功的花朵。即使是一件小事，只要能坚持不懈，最终都可以成就大事。一个人要想有所成就，就必须有坚定不移的恒心和毅力，然后朝着自己的目标努力，那么你就可以登上人生的顶峰。

究一时之根本，成永久之大成

> 财富是一时的朋友，朋友才是永久的财富；
> 荣誉是一时的荣耀，做人才是永久的根本；
> 学历是一时的知识，学习才是永久的智慧！

沙漠中，商人、武士和学者遇到了一个风巨灵，风巨灵说，能够实现他们一人一个愿望。

商人说，他想要拥有点石成金的能力，获得无尽的财富。商人醒来的时候，发现自己触碰到的一切，都会变成黄金。他拥有了黄金的宫殿、黄金的家具，甚至是黄金的食物和黄金的朋友……但他只能孤独地在无数的黄金中死去。

武士说，他想拥有堪比将军的荣耀。武士醒来的时候，他成为凯旋的将军，无数人为他欢呼海啸。但很快，人们远离了这个自大、自傲而并无能力的将军。在下一场战争中，因为害怕而临阵脱逃的武士，死在了乱军之中。

学者渴望知识，但他并没有向风巨灵许愿拥有世界上全部的知识。学者说，世界上每时每刻都有新的知识诞生，所以请赐予我学习这些知识的能力。后来，学者成为当地最博学的人。

只有在历练中才能成材

> 不是因为具备了才能才去做事，而是在做事的过程中，慢慢就有了某种才能！

当老板的，做领导的，最讨厌的一句话就是——我不会啊。当你布置一件任务下去的时候，我可以接受下属任何借口，唯独不能是"我不会"。没有人能天生掌握所有技能，在学校里面，你也不可能把这辈子要用到的本事全部学会、学全。时代在发展，科技在进步，我们每天都在遭遇一个全新的世界，我们总是会遇到全新的问题，我们总会有自己掌握的职业技能无法覆盖我们遇到的工作的时候，这个时候我们能说自己不会吗？

最理想的工作状态是你掌握了某种技能，可以游刃有余地处理某项工作。这是你的舒适区，但一直待在舒适区里面，你就永远没有成长和进步的可能。我们总是要习惯去面对未知，习惯在工作中慢慢摸索慢慢学习。你会发现，当你完成一项前所未见的工作时，你也掌握了一项新的技能，你的工作能力更强了，某天被淘汰、失业的风险也就更小了。

告别舒适区，进入新的领域，处理新的工作，掌握新的技能，你就能成为更优秀的自己。

荷月

柳暗花明，渐入佳境

> 不必纠结于当下，也不必太忧虑未来，当你经历过一些事情的时候，眼前的风景已经和从前不一样了。

2019年6月，英国最长寿的老人格蕾丝·琼斯去世了，她出生于1906年的利物浦，逝世的时候，已经快113岁了。她经历了两次世界大战、见证26任首相更迭。有人问她长寿的秘诀，她说，第一是睡前喝威士忌，第二是绝不忧虑。

无数科学实验证明，过度的忧虑会在身体层面诱发多种病变，在精神层面摧毁人心。当一个人思虑太多时，他就会失去做人的乐趣。世界上的大多数忧虑，源于自身能力不足，以及对现实状况的不客观认识。白岩松说，如果总为未来忧虑，而不能享受此时此刻的时光，你可能把整个余生都搭进去。你所担心的事情，只有不超过10%会变成现实，其余的都是自己吓自己。

生命中有一个很奇妙的逻辑，如果你真的过好今天，明天也会不错。未来会怎样，要用力走下去才知道，你既然认准了一条路，又何必去打听要走多久。先变成更喜欢的自己，路还长，天总会亮。事过境迁，我们回头看走过的路时便会发现，人生中真正重要的事情是不多的，它们奠定了我们的人生之路的基本走向，而其余的事情不过是路边的一些令人愉快或不愉快的小景物罢了。多经历，多尝试，多接受，多改变，你所看到的，就会是不同于现在的风景。

成为一个被需要的人

> 被别人需要是一种价值，也是一种能力。
> 所以不要指望别人帮助你，要指望别人需要你。

人是一种社会性动物，所以，"被需要"是我们在人际关系网中不被孤立的锚定方式。"被需要"的人，会是"有用"的人，也会是容易获得幸福感的人。我们身处的世界主要是由人构成的，当我们真正想要获得幸福的时候，最重要的不是我们想要什么，而是我们是否被身边重要的人真正地需要。当你真正意识到这一点的时候，那么我们需要努力的完全是另外一个方向：挑那些最被需要的事情来做。

很多人忧心即将到来的人工智能时代，会让自己失业。但有一些职业是永远不会失业的。如果你是被人需要的，你的能力不会被替代，那么你就不会失业；如果你的能力是独一无二的，那就无法被替代；如果你可以提供感情上的需求，你的能力在于人与人之间的交互，你同样不会被淘汰。成为一个"被需要"的人，会让你永远可以锚定这个社会，不成为离群索居的一员。

觉悟者怎么做都是对的

> 把弯路走直是聪明的，因为找到了捷径；
> 把直路走弯是豁达的，因为可以多看几道风景。

著名编剧马德林曾在《吕后传奇》中做过群演，从群演到职业编剧之间，马德林当过洗碗工、广告业务员、影视基地行政人员……这些跟编剧不相关的经历丰富了马德林的阅历。尤其是做行政的五年，他每天负责给七八个剧组接洽统筹群众演员的事，近距离了解娱乐圈里的演员，也亲历其中的人情冷暖和钩心斗角。就这样，他一边工作，一边研究他接触到的剧本，把自己的工作生活记录成文字。他的第一本书《替身》就这样诞生了，在网上连载时就收获了很高的人气。

崭露头角后，马德林开始给人写剧本。小有名气后，马德林有次跟一个制片人聊天，发现对方就是当年《吕后传奇》的制片人。他对马德林说："当年你要是认识了我，就不用走那么多弯路了。"马德林却说："那不一样，有的路是你必须要走的，就像长辈总告诉我们说我指给你一条捷径，但如果你没有走过弯路，你永远不知道捷径的意思。"

马德林还说，他从来不相信什么捷径或者直路，那些看似跟编剧不相关的弯路是他通往职业这条道上做的反复尝试。如果没有走过弯路，就不会有今天的编剧马德林。如果真有所谓的捷径，一定不是一条直路，而是努力把弯路走直。

如能这样你就是赢家

把你该做的、擅长做的事做到极致,你的世界将会很精彩。

比尔·盖茨曾经说过这一句话:"做自己最擅长的事。"一个人能够及早发现自己真正感兴趣的事,并且将兴趣培养成为专长,是一种挥洒自如、淋漓尽致的人生幸福。

成龙曾经说过:"把不擅长的事交给别人去做吧!只有做自己最擅长的事情才能够取得成功。"所以,最好的选择就是要能够充分利用和发挥自己的资源、能力、优势,做自己擅长的事,这样才会让自己的能力得到充分的发展,让自己的工作有事半功倍的效果,让自己获得更多的成就感。

只做自己喜欢或擅长的事,不仅仅是一种智慧,其实,更是一种情怀。别把时间浪费在不擅长的事情上,在迷茫焦虑的时候,请静下来仔细思考自己真正喜欢的是什么?真正擅长的又是什么?把时间花费在自己擅长的事情上,别指望自己有多博学多才,其实将你擅长做的事,哪怕就一件事,只要做到极致,你就已经赢了。

荷月

成功者总是走在别人前面

在机遇面前做一个先知先觉者,才能成为永远的赢家。
当别人不明白的时候,他明白他在做什么;
当别人不理解的时候,他理解他在做什么;
当别人明白了,他已经富有了;
当别人开始应用时,他已经成功了。

有很多人整天抱怨没机会,实际上只是因为他们没有用心去留意身边的事情,没有去认真了解,所以一而再,再而三地错过了许多机会。机会是什么?机会就是:别人不知道你知道了,别人不明白你明白了,别人犹豫或不做而你果断地做了。当别人知道了,明白了,想要做时,你已经成功了!

机会总是偏爱少数人,因为多数人都有一种惰性,喜欢跟风,人云亦云。只有做永远的开拓者,你才能一直赢下去。对待机会只有一个办法,抓住它!机会就是这样,从不对某一个人格外青睐,也不会对谁格外吝啬,我们所能做的就是在它到来之前,去努力做准备。这个过程或许一年,或许五年,也或许会更长,甚至耗尽生命,也不会等到那一次可以使自己一跃从鱼成龙的机会。机会就是这样,当大家都对它不看好,当你对它还不能确定的时候,它真的是机会;而当你确定它是的时候,往往已经迟了半步!

世事洞明皆学问

看远：才能揽物于胸，只看眼前的美景，难见山外之山。

看透：天下熙熙，皆为利来，天下攘攘，皆为利往。

看淡：不是不求进取，无所作为，没有追求，而是平和与宁静，坦然和安详。

不以物喜，不以己悲。

年轻时看远，中年时看透，年老时看淡。

人无远虑，必有近忧。看远即是目标也是过程，更是境界。目标牵引成长，过程充盈人生。凡此种种，无不说明，只有志向高远，人生才会有前进航标，再插上执着的翅膀，便能愈飞愈高，穷千里，览万物。要成为一名成功人士，必须有自己独特的眼光，能透过现象看本质，对世事的变化能洞若观火。在现实生活中，我们或留恋于金钱，或束缚于名利，却没有意识到这些都是身外之物。人生短短数十载，在历史长河中犹如沧海一粟。所以，人生的真谛应最终归结于自我价值的实现和幸福的归属感上。这样才能生于物而又超然物外。

细细想来，这三重境界刚好对应人生的三个阶段。少年时，应该有自己的追求和梦想，做一个执着的追梦人。中年时代，在经历了悲欢离合，人生百态后，应该有一份对世事洞若观火的睿智。老年时代，在饱经风霜后，就应该有一种"曾经沧海"的淡然，享受美好的夕阳。此三重境界，形影交错，亦梦亦境。需反复思虑，不断探索，才能冲破重天，驾驭人生。

荷月

赢在行动力

> 赢在行动,输在犹豫。决定你成功的不是梦想,而是你的行动!

有些时候千万不要等,得及时行动。不要因为该出手时没出手,从而错过了最好的机会。西楚霸王项羽,决战刘邦之时,只因鸿门宴一时犹豫,从而将天下拱手相让悲剧收场。叱咤风云的军事天才拿破仑,因为仅仅多等了一天,结果失去了整个王国。

成功不在难易,而在于是否采取行动。虽然行动不一定能带来满意的结果,但是不行动就绝对不会有满意的结果。这个世界从来不缺乏机遇,而是缺少抓住机遇的手。如果你有想法就要赶紧付出行动,别担心失败或者困难重重,只有在不停地实践与追求中,你才能超越自我,创造属于自己的辉煌。

让观望的继续观望,让担心的继续担心,让害怕的继续害怕,让赚钱的继续赚钱,任何现状都是在考验我们的心理素质,任何市场也都是在遵循自然法则;适者生存,优胜劣汰。想是问题,做是答案;输在犹豫,赢在行动。

临渊羡鱼，不如退而结网

> 有钱只能喜用一时，有赚钱的能力才能富贵一生。
> 所以，学会让自己值钱比什么都重要。

有一个词叫"坐吃山空"，如果没有进项只有消耗，那么即便是一座山，也迟早有被挖空的一天。

中太平洋赤道以南约 60 公里处，有一座独立的珊瑚礁岛——瑙鲁。全岛 3/5 曾为磷酸盐所覆盖，磷酸盐曾是重要的化肥原料和化工原料。通过开采和出售磷酸盐，很久之前瑙鲁的人均 GDP 就超过了 5 万美元，富裕自然可知。然后当地人就飘了，认为有钱以后就该及时享乐，所以一时间不仅造了机场，还买了几架飞机，甚至还将国民福利提高到了堪比欧洲的水平，却从没有想过，等到磷酸盐开采完毕之后，他们靠什么生存。于是，瑙鲁自然而然地悲剧了——矿物开采到所剩无几，80% 的国土因采矿而被破坏，40% 的生物灭绝，当地自然生态被破坏殆尽，就连发展旅游都成问题。当地银行一度陷入破产状态。

与之相反，迪拜虽然拥有丰富的石油资源，但更明白坐吃山空的危害。所以不仅大力发展旅游业，更成立投资基金，在全球范围内投资有潜力的公司，期望在资源耗尽之后依靠旅游业续命，靠吃红利继续维持社会福利。

城市和国家如此，人也一样。静态的财富总有消耗殆尽的一天，挣钱的能力，比有钱更重要。

有思路才有出路

世上只有想不通的人，没有走不通的路。

夏天，一家人坐在院子里吃晚饭，当爹的问孩子长大以后打算干什么？孩子想了想，看着桌子上的下酒的炒豆子和麻婆豆腐，说："以后要卖豆子。"

当娘的一巴掌拍在了孩子的后脑上，"撑船打铁磨豆腐，干什么不好，干这个？"当爹的笑眯眯地阻止了娘对孩子的进一轮惩戒，问孩子为什么这么想。

孩子说，卖豆子的，永远也不用担心卖不掉。假如他们的豆子卖不完，可以拿回家去磨成豆浆，再拿出来卖给行人。如果豆浆卖不完，可以做豆腐脑；豆腐脑卖不完，就做豆腐；豆腐卖不完，变硬了，就当作豆腐干来卖。而豆腐干再卖不出去的话，就把这些豆腐干腌起来，变成腐乳。发霉了是毛豆腐；臭了是臭豆腐。豆腐干烤着吃，是烤豆干。不做豆腐也行，可以发豆芽；还可以榨油，榨出来的是豆油，榨剩下的是豆粕，是上好的饲料。不然酿造酱油也行，总而言之，豆子不愁没出路。

一颗豆子可以有无数种精彩的选择，一个人更是如此。当你发觉前路不通的时候，不必气馁，不要放弃，"条条大道通罗马"，换条路，你也许还是能达成原来的目标；换条路，也许你还能发现全新的风景，得到全新的机遇。

世界上没有走不通的路，只有想不通的人，只要稍加变通，或许就会有美好的前途。

审时度势，方能顺风顺水

> 做事要顺势而为，有为。坐船要顺水而下，省力！

时势，简单说来，就是一种趋势，代表着事物未来发展的方向和潮流。因时而动，顺势而为，不仅要悟达通透，目光高远，从而得以判明大势；更重要的是严谨务实，步步为营，从而得以抓住先机，准确布局。

世界上曾经有一家世界500强的企业，名叫柯达，在1991年的时候，他的技术领先世界同行10年，但是2012年1月破产了，被做数码的干掉了。

当索尼还沉浸在数码领先的喜悦中时，突然发现，原来全世界卖照相机卖得最好的不是他，而是做手机的诺基亚，因为每部手机都是一部照相机。

然后呢？原来做电脑的苹果出来了，把手机销售份额世界第一的诺基亚给干掉了，而诺基亚全无还手之力……

趋势就像一匹马，如果在马后面追，你永远都追不上，你只有骑在马上面，才能和马一样的快，这就叫马上功成！

方生方死，方死方生，大彻大悟

人生在世，生死之外无大事。

向死而生，万般皆是身外之物，如此方能活得明白，活出深邃，活成自在。

有一个成语叫做"蚌病成珠"，这是对生活最贴切的比喻。蚌因身体上嵌入砂子，伤口的刺激使它不断分泌物质来疗伤，到了伤口复合，旧伤处就出现一颗晶莹的珍珠。哪粒珍珠不是痛苦孕育而成？任何不幸、失败与损失，都有可能成为我们有利的因素。生活也真的很公平，它可以将一个人的志气磨尽，也能让一个人出类拔萃，就看你是怎样一个人。

每个人都会有遇到挫折的时候，当你在逆境别无选择时，不要失去你原来拥有的自信，不要逃避、屈服、自怨自弃地把自己引入歧途，选择勇敢、坚强、乐观、积极的态度，永不停止地向前奔跑，再大的困难也会因你的勇敢望而却步！战胜了自己的"心灵逆境"，你就是生活的强者！

以直报怨，以德报德

信任之人在背后伤你，该如何化解心中怨念？
执着怨念束缚的是你的心，而放下则是对自己的解脱。

一次联谊的时候，有位师兄讲起自己早年创业的故事。

20世纪90年代初流行一句话，"东西南北中，发财到广东"。广东，尤其是广州和深圳，是当时很多人心目中遍地黄金的财富胜地。这位师兄只身一人从中原南下广州，因为肯吃苦，脑瓜子又灵活，运气也不差，用三年时间打拼下了一片基业。后来衣锦还乡，便想着带着乡里乡亲共同富裕。

带着一起去了广州的十来个乡亲之中，有一个按辈分算，还是师兄的远方表弟。小伙子长得精神，手脚勤快，还能说会道，干活积极不居功，嘴巴还甜，借着八竿子打不着的亲戚关系，和师兄家里时常走动，把老人孩子都哄得开心，打心眼里和他亲近。师兄也信任他，逐渐放权，甚至给了他接近生意核心的机会。在两年功夫，这小伙子就成了师兄公司里一人之下的副总，在师兄亲自上阵开拓西南地区生意的时候，成了坐镇广州大本营的大将，实际上的一把手。

知人知面不知心，小伙子看着浓眉大眼一脸正气，谁也想不到确是个伪装彻底的中山狼。师兄在昆明两年，鲜少回广州，只是偶尔查账。他就借这机会，逐渐把公司的底子掏空，最后在年终公司庆功会上摊牌，带着一票业务骨干离开，自立门户不说，还带走了师兄七成的老客户。

荷月

大后方不稳，师兄也无心开拓西南市场，两年苦功化为流水。回广州收拾旧山河，又挣扎三年，才算是缓了过来。但到底是错过了许多黄金机遇，如果不是这个曾经信任的人捅了他这一刀，师兄如今的成就绝不仅限于当下的样子。

席间有人问师兄，恨吗？师兄淡淡一笑，恨过，但放下了。恨其实是一种很没所谓的情绪，你恨，并不能伤及你恨的人一分一毫；你若报复，实际上是在耽误自己的机会，更不用说很可能两败俱伤。与其耿耿于怀，不若学着放下。仇恨会蒙蔽你的眼睛，捂住你的耳朵，困住自己的心灵。放下，解脱的是你自己。

兰月

鹊桥归路,
七月湖中风露新,
临流闲照白纶巾。

你我都需要一个伯乐

> 有时人生的悲剧不在于没有用好自己的优势，而是连自己的优势是什么都没找到。

韩愈《马说》开篇："世有伯乐，然后有千里马。"小时候第一次读到这篇课文，我还钻牛角尖——难不成在伯乐出现之前就没有千里马吗？读下去才明白，没有相马的人分辨出千里马，千里马也只能泯然众马。举一反三，如果一个人不能发现自己身上的优点，那么这个优点也约等于不存在。

人要学会挖掘自己身上的长处，但常人却总是走上了自卑和自大的两个极端。有人坐井观天，不知天下之大能人之多，自以为天下无双；而有人却因为太多的挫折教育和现实的打击，觉得自己就是一个普通人，样样都普通，能力也普通，一无长处。

《道德经》讲："人之道，损不足而补有余。"木桶理论说，一个水桶无论有多高，它盛水的高度取决于其中最低的那块木板。但在实际的工作中，一个团队需要的只是每个人最长的那块木板，所以，加强你的优势，才是你在一个团队之中赖以立身的本钱。

发掘自己的优势，加强自己的优势，展现自己的优势，发挥自己的优势。这样如此人尽其才，方能证明你的价值。

有行动，一切来得及

很多人一生只做了"等待"与"后悔"两件事，合起来叫"来不及"。

我很喜欢《爱丽丝梦游仙境》的作者路易斯·卡罗尔的这句话：最终让人后悔的，总是那些没有抓住的机会，没有勇气去爱的人，和等待了太久没能做的决定。

有些事情等等会好转，慢慢来反而会比较快。但有些事情，等待只会等成遗憾，只会让你将其错过。而如果你只是后悔，而不是做出行动去挽回，或者准备好等待下一个机遇、下一个人，那么你的一辈子都会以悲剧收场。

别怕来不及，有行动，什么时候都不算晚，怕就怕你在无尽的"等待—错失—后悔"的循环之中耗尽余生。

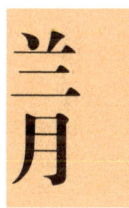

做一个偷得浮生半日闲的人

> 智者懂得在忙碌的生活之外，存一颗娴静淡泊的心，寄寓灵魂，即使因劳碌而身体劳累，仍然能够洒脱自在。

浮世之中，总有许多人为追求物质享受、社会地位和显赫名声等身外之物，而心力交瘁、疲惫不堪。他们怨天尤人、欲逃离其中而不可得，皆因忽略了自己的内心，不明白万事以修心为先的道理。忙碌是现代社会中大多数人的一种生活状态。不幸的是，与身体的操劳相伴随而来的，还有内心的忙乱急躁、焦虑不堪。

所谓"身之主宰便是心"，倘若在忙碌的生活中不能给内心留一份悠闲，而使其深受烦恼与担忧所累，便更难在为人处世之时做到游刃有余、潇洒自在。心胸狭隘的人，只会将自己局限在狭小的空间里，郁郁寡欢；而心胸宽广的人，他的世界会比别人更加开阔。人应永远保持"初心"，不受外界环境影响，光明磊落，坦诚纯粹，永远长新。

什么是"初心"？不自私，存大爱。每个人的世界都是他自己建造的。一个人心中充满心机，就会因心机而衍生出恐惧、怀疑、绝望、忧虑等情绪。如果一个人心中充满了这些，怎会不悲愁、痛苦？人生如白驹过隙，生命在拥有和失去之间很快就流逝了。心灵空间需要自己去经营，心机太多、太重，心灵哪还有空间去承载别的呢？

独一无二的你由你一手打造

> 你现在做的任何决定,都是在对你的人生慢慢定位,我们都在一点一点地塑造自己的未来。

你的出身只是你的起点,这一辈子你能抵达怎样的高度,仍然取决于你后天的目标和努力。你所做的每一个决定,走出的每一步路,都将决定你的未来。面对将来,我们可以选择奔走在成功的路上,亦可走在鸟语花香的小路上。人生这场旅行心态要平和。焦虑常因为得陇望蜀,眼高手低,心里充斥了太多感悟杂音。高尚的人生追求能让你脱离焦虑,一心只朝着目标前进,不那么容易被社会潮流淹没。和父母吃一顿饭,陪孩子出游,为一场宴会精心准备,我们认真地生活,爱着他人,这是一种选择,一种幸福。

每个人注定要走一条路,这些路千姿百态,社会有着太大的差异,你可能不是含着金汤匙出生,但你也能描绘出自己光彩的人生,就要看你怎么去描绘。别再追问人生的意义,埋怨生活。你可以决定自己的活法,可以让明天的自己更好些。

历练使你的灵魂日趋完美

什么东西构建你的人生格局？遭遇过的人，阅读过的书，行走过的路，经历过的事。

格局不是天生的，是后天养成的。你的经历、你的学识、你的眼界、你的性格，都会在很大程度上，改变你的格局。

梁实秋说："读书是最好的修行。"一个人读过的书，会融进他的骨血，沉入他的灵魂，一点一滴的积累之后，就变成了由内而外散发的气质。你所有的经历，都是人生旅途中的足迹，都是生命过程，在时光的历练中，雕刻出迷人的光彩。你走过的路，你遇到过的人，都会留下让你变得优秀的印记，你所要做的就是，把岁月变成诗篇和画卷。女人有了气质，那一举一动、一言一行、一颦一笑都至善至美，宛如水中望月，云边探竹，顾盼生辉，动人心怀。男人有了气质，举手投足都会有不一般的风度，正所谓：腹有诗书气自华。

读书，让你拥有一份书卷之气；修养，让你有一种娴静之气；阅历，让你变得从容和淡定；岁月，让你变得自信和独立。

玉不琢不成器

怎样才能使自己变得更有价值？

经得起打磨，耐得起寂寞，扛得起责任，肩负起使命，才会有价值！

看见别人辉煌的时候，不要嫉妒，因为别人付出的比你多得多！

小时候家后面有一片竹林，村子里心灵手巧的人，常常会砍了竹子，回去做些不同的物件。最简单没加工过的，就是晾衣竿，把普通的竹子去头去尾去枝去叶，晒干变黄之后，就是一根普通的晾衣竿。也有人用竹子来做竹编，竹子被片成薄薄的一片片，再编织成篮子、筛子、席子，不一而足。也有人用竹子做椅子，工序不简单，挺花功夫。而村里的老人家就更了不起了，能做竹笛、竹箫。

同样一根竹子，经过不同的人、不同的手的加工，不仅形态不同，最终价值也不一样。竹子是这样，人也是这样。玉不琢不成器，纵然是璞玉，藏在石头里面，又有谁能分辨？纵然只是一块普通的石头，千磨万击，细细雕琢，也能成为一件艺术品。人要经历过磨难，常能得到成长，也才能得到辉煌的未来。

兰月

不搏不精彩

> 生命力的意义在于拼搏,因为世界本身就是一个竞技场,就是无数次被礁石击碎又无数次地扑向礁石,生命的绿荫才会越长越茂盛。

生命的真谛在于拼搏,是积极向上、努力进取,为达到预定目标而百折不挠的拼搏精神;人活着,就要有这种精神。人若学会拼搏,则屡挫不馁;若懂得拼搏,则成功而不骄。成败乃是人生常有的事。乐观的人看得很平常,也不算什么特别的,但在得到结果前的拼搏中获得的经验却是宝贵的。

生命力的意义在于拼搏,因为世界就是一个竞技场,不去拼搏,不去奋斗,那么你只能被社会淘汰,被世界淘汰,只有奋斗才能为自己拼搏出一个美好的未来。

不出去拼搏,有负生命给你的上场机会。斑驳如画的风景是大自然对人类的慷慨,出去走走是生命对人生的期待。你的世界,有多少风景停留在光影和别人的描述中?再不拼搏就老了,有些风景或许真的不能亲眼感受了。年轻的时候不去拼搏,老了以后拿什么回忆?趁年轻,趁当下,你要拼搏,不负此生。

不拼不博,人生白活。

吃人不愿吃的苦，享人享不到的福

> 你今天必须做别人不愿做的事，好让你明天可以拥有别人不能拥有的东西。

如果要看看大时代的变革拥有怎样的力量，那么，从我们这一辈人身上，大概是对比最鲜明的。

当年我离开校门之后的第一份职业是教师，教小学生。那是我职业生涯中最单纯快乐的时光，一如马云自认自己的身份是一名乡村教师一样。但我们都可能改变，在这个剧变的时代中，我们不想被轻易抛下。

于是，我抛弃了安稳的教书工作，南下广东后又漂到上海，30年的打拼之后，终于开创了如今这番局面。

那我当年的同事们呢？有人在教书育人的岗位上一待几十年，我敬佩他们的坚守；有人在私立学校谋得了一份工作，如今收入不菲；有人自己与人合伙开了民办学校，如今身家千万。同样是在教育行业，都会有这样的差别。更不用说，离开了教育行业的人，如今又有着怎样的天壤之别。

很多时候，选择做别人不愿意做的事，你才能获得别人不能获得的成就，看到别人看不到的风景，拥有别人不曾拥有的东西，取得别人得不到的成功。

对的心智模式，看到对的世界

　　心智模式指的是每个人对世界都有一些固定的想法、观点及思考问题的方式。如果你想要改进自己的行为，提升自己的能力，其实真正要改变的是你的心智模式，让自己理解和认识这个世界的方式更合理。

　　心智模式是一个人长期以来，总结的安身立命的生存之道，和解决问题的方法论。人一旦形成一种心智模式，就会对所有的事情模式化，所有的信息标准化。

　　有些人渴望一夜暴富，受不了安安稳稳的工作，专注于捞偏门，这样的人，在做大部分的事情的时候，都是急功近利的。

　　又比如另一些人，笃定外国的月亮比较圆，即便他从没有亲自去看过一眼。他们只看得到国外社会好的一面，在外国人面前容易无原则地崇拜。

　　人生的一切都是一点一点的积累，人与人的差距最开始是不明显的，但经过几十年的积累，一件一件的小事积累下来，人与人之间的差距就大了，越来越大。

　　心智模式的形成受一个人阶层的影响，原生家庭的影响，所在社会关系的影响……影响因素的多样性决定了对人生影响的潜移默化，水滴石穿。

　　如果一生顺遂，我们继续保持原来的心智模式，如果总是遇到问题，我们是否应该停下来，认真思考一下，是不是我们的心智模式出了问题？

你永远也想不到自己有多优秀

> 人生最棒的感觉，就是你做到别人说你做不到甚至一开始自己也觉得做不到的事。

有件事情，如果谁都认为你做不到，甚至连你自己都觉得很难，觉得没什么希望，那你还要做吗？

如果这件事情对你有益，那就去做吧。一个人下定决心实现愿望，总是有办法的，可是大多数人终其一生都未尝过愿望成真的滋味。人们假装没有金钱，没有时间，没有愿望，没有不顾一切的决心，直到真的一无所有。

一件事情，一个目标，如果你很容易就能做成，很轻易就可以达到，那么你所获得的成就感和幸福感也很少；如果一件事情对于你来说很难做到，一个目标对你来说要很努力才能够着，那么等到你做成这件事情、达成这个目标的时候，自然就会有满满的收获和成就感。最关键的是，在这个过程中，你得到了成长。

当然，这样需要很努力才能做到的事情、达成的目标，你自然也会觉得很累。但奔跑着追求目标是一种境界，竭力地挑战极限是一种快乐，微笑着超越苦难是一种幸福。很多时候，累与不累不取决于事件本身，而最终取决于我们对事情的心态。事实上，我们常常会发现，做自己愿意做喜欢做的事情，累也是一种享受，一种快乐。

人有一分器量，便有一分人缘

一个容不下别人的人，只会让人敬而远之。

小时候，我父亲常对我说：心狠赢一时，心宽赢一世。与人为善，方能长长久久。

踏入社会，摸爬滚打几十年，年过半百，我亦有所感悟：坦诚待人，真诚做事，淡定看人，淡然处世。山不厌土，故能成其高；海不厌水，故能成其深。寡言是一种境界，更是一种修养；张口说话容易，闭嘴沉默不易；争强好胜只会让自己成为孤家寡人；学会随缘才得以宁静自在。愚蠢的人用嘴，智慧的人用心；狭隘的人斗狠，慈悲的人不争。对人需要宽容，更需要容忍，咄咄逼人，即使是嘴上赢了，也会失去人心。退一步，是大度，让一步，是慈悲。让人三分不吃亏，容人三分无损失。君子有容人之雅量，有慈悲之品德。自视清高的人，只会让人避让三尺，容不下别人的人，只会让人敬而远之。你若盛开，清风自来，你若慈悲，人心自来！

做一个历久弥新的人

　　一个人真正的魅力，不是你给对方留下了美好的第一印象；而是对方认识你多年后，仍喜欢和你在一起。也不是你瞬间吸引了对方的目光；而是对方熟悉你以后，依然欣赏你。更不是初次见面后，就有相见恨晚的感觉；而是历尽沧桑后，能由衷地说，能认识你真好。

　　相处是一门深奥的学问，举凡能够白头偕老的婚姻，能够相携一生的挚友，他们的相处之道都必有值得学习之处。而在我的印象之中，就有这样一位女士，在与人相处之时，言行举止，都充满了妙不可言的魅力。

　　如果单论长相，她并不是人群中能一眼被认出来的那种，论气质，她是不见锋芒的温润，要靠时间相处才能慢慢体会。

　　但和她聊天，是一种很舒服的感觉。她不会主宰话题，反而会顺着你的思路引导着你，让你可以在你擅长的领域和话题发挥得淋漓尽致，常常会让你有一种意犹未尽的感觉。她也擅长安慰、劝解、开导别人，多有失意者受她鼓舞重新振作。经年累月以后，你会感觉，能认识她，是一件很幸运的事情。

　　她的魅力是润物无声的，她的存在从不会喧宾夺主，她的言行举止都让人觉得舒服。她就像是一本普普通通的小书，没有华丽的装饰，也没有深奥的内容，但却是你闲来无事，最想读一读的那本。我想，或许这才是真正的魅力吧。

学到底

> 学习一定要学到底，学习的最大的敌人是不到"底"。自己懂了一点，就以为满足了，不要再学习了，这满足就是我们学习的最大顽敌。（摘自《毛泽东文集》）

我上小学的时候，第一位先生讲的第一课就是"学到底"。至今，我仍然把这三个字，当成我学习的准则。

什么是学到底呢？

首先，端正学习态度，学习要靠"挤"和"钻"。工作忙和看不懂都是不好学的借口。时间就像海绵里的水，挤挤总会有。与其把工作之外的时间放在无意义的吃喝玩乐上，还不如把时间用在提高自己上。

其次，在学习内容方面，要尽量"学到底"。读书要做到"先博而后约，先中而后西，先普通而后专门"，博学而笃志，切问而近思。当然，学问不止读书。"世事洞明皆学问，人情练达即文章"，学习别人的为人处世，更要在实践中应用、检验、改进、吸收。

最后，"学到底"还表现在"活到老，学到老"。"人到五十五，才是出山虎"，真正的学问是要在"无期大学"里点滴积累起来的。生命不止，学习不止。

成功源于每一个微小的努力

> 从眼下的每一件小事开始发奋图强，模糊不清的未来就会慢慢地逐步清晰可见。

十六七岁的时候，村子里有一户人家造房子。作为同姓同宗的同族，我也得去帮忙。我去到宅基地上的时候，打地基这样专业的事情，已经有专业的人做好了。剩下的活说难不难，说简单不简单，直到房子封顶之前，都是我们这些除了一把子力气外别的啥都不会的壮劳力的事儿。

看着几堆从老房子里面拆出来的青砖，还有几堆从砖窑拉来的红砖，我和几个没参与过造房子的年轻人颇有些不知如何下手。边上抽着水烟的老师傅看到我们傻愣着，一人一脚踹了上来，赶我们去干活。

我颇有些不服，问老师傅要图纸。但老师傅告诉我，他没图纸，但活还是一样要干的。他还说，这房子没图纸也得盖，这人活一辈子没得打样，也一样要硬着头皮往前走。

直到十来年后，我才真正明白这个道理。很多事情都是摸着石头去干的，但一步一步干下去，会有一个怎样的前景和结果，也就慢慢清晰起来了。但如果你非要等着看清楚了全局再行动，那么不是错过了机会，就是永远也没机会把这件事情弄清。做事如此，人生也是这样，路是一步步走的，人生的高度，也源于你每一个最微小的努力。

小事大事，都是你的本来面目

> 生活中没有小事，一切都会是你内在本质的体现。
> 生活中哪有大事，所有的行为都会让你原形毕露。

儿童心理学研究发现，在儿童探索世界的时候，继承自动物的猎杀者天性，会让他们不自觉地"作恶"。如果放任这种天性恣意滋长，往往会影响人的一生。

一次去超市采购的时候，在杂粮区，一个不大的孩子，抓着一把把赤豆、绿豆、黑米、黄米，把原本泾渭分明的杂粮，混合在了一起。恶作剧被发现后，孩子哭了起来。超市工作人员建议，家长可以把混在一起的部分杂粮买下。家长接受了这一建议，但同时要求孩子把买下的这部分杂粮，重新按照种类分开。超市避免损失，家长教育了孩子，孩子得到了教训，堪称结局圆满。

人的性格或许是天生的，却可以在后天教育中予以正确的导向和矫正。勿以善小而不为，勿以恶小而为之。很多时候，一件小事中的表现，就可以看出一个人的本质。

只要开始了，坚持结果是必然的

人生就像登山，很多时候，遥看目标，似乎高不可攀，其实每向前进一步，我们也就距离目标更近一步了。

公司组织了一次重庆到宜昌的旅行，行程中有一站是白帝城。山不算太高，也不算太陡峭。但在重庆旅游嘛，免不了上上下下要爬山，一连爬了几天，大家都很疲惫，到了这最后一天，很多人真的是已经爬够了山，遂选择放弃。也有人想爬，却有些犹豫。

我于是便鼓励他们，未必需要爬完全程，可以给自己设一个小目标，比如就爬一段。如果爬完了这一段，便耗尽了所有力气，那么不妨原路返回，下山总是要省力一些的。如果爬完之后还有余力，那么不妨选择再爬一段，挑战一下自己的极限。

就这么一段、一段地爬着山，虽然总有人半路掉队，总有人需要停下歇息，但奇迹般的，我们整队人，还是都爬完了整座山。

很多时候，一个看起来远大的、似乎遥不可及的目标，把它分解成一段段里程，那么，在遥远的路，也是能一步步走完的。

兰月

打造一个独一无二的我

> 知识是学来的，能力是练出来的，胸怀是修来的。
> 不怕念起，就怕觉迟。
> 别人身上的不足，就是自己存在的价值。

《斯坦福极简经济学》中提到：一家公司规模越大，产品越多，里面的分工就越精细。我们以为很简单的一支圆珠笔，结果被新闻曝出，国内竟然无法生产笔尖的走珠。是技术问题吗？并非如此，太原钢铁集团花费数千万元，不到一年的时间就完成了国产笔尖的研发。很多时候这种"不能"，其实是全球分工的大环境下导致的。

具体到个人，如今我们每个人都只擅长很少的工作技能，通常只能适配很少的岗位。会别人不会的，这就是我们的工作价值。一项工作，如果会的人越少，愿意做的人越少，就更容易得到更高的薪资。而如果薪酬支出压缩了利润，而这项工作又有可替代性，那么，被机器抢走岗位、失业，也是屡见不鲜的事情。

社会分工越来越细的同时，"人们在独自、无助时的生存能力就越差"。也就是说，分工越精细，能力、专业知识要求越有针对性，人的工作适应范围就越窄，生存能力就越差。这是一对矛盾。社会分工要求人们提高专业度，生存本能却要求人们最好什么都会。我们自然做不到样样都会、面面俱到，所以相应的，我们要让我们有存在的价值，就要提高不可替代性，也就是培养自己的"核心竞争力"。

自我肯定本身就是一种力量

在没有人相信你能的时候，你的任何努力都会给自己加分。

我的一位朋友，早年因为时代大环境没好好读书，混了几年日子，家里觉得他不能再这样子下去，于是他父亲早退，让他顶替了工，以期他能收收心。

他的父亲是八级技工，但他进了厂子之后，却只能在仓库当搬运工。虽说当年一家厂子里面，大家的收入不至于天差地别，但搬运工和八级技工的薪资，总归还是有差别的。在福利待遇上，相差得就更多了。在厂里半年，他也渐渐懂事，于是和提出也要进车间。

当时谁都不看好他，车间里的工作要性子稳的，偏生他性子生来跳脱。但考虑到他爹的面子，最终还是拜了他父亲一个工友当师父，算是给个机会，让他试试。

起初，他的进度确实不算快，但渐渐就赶上了同期进车间的人，仗着脑子活络，他后来又兼学电工。20世纪80年代末的时候，他已经升迁电工班班长。20世纪90年代初，厂里改制，他合了几家人的钱，一起盘下了这家厂子，一度做得风生水起。后来合股的人不愿意把挣来的钱投入到设备更新上，他觉得往后不好做，就改做外贸生意。2000年前后开始，辗转数个行业，至今已经累积数亿身家。而他最喜欢讲的一句话是：别人信不信你，看不看好你不要紧，你自己得信自己，不能放弃自己。你努力是给自己的，不是给别人看的。

自律的人生没有对手

> 一个人最难战胜的，是自己。即使你自制力再强，也有被自己打败的时候。想出类拔萃，就要坚持做好日常生活中最简单平凡的事情。如此，日久自见高度。

不少刚刚步出校门、踏上社会，还没经历过挫折的年轻人，在进入他们职业生涯的第一家公司的时候，往往会有这样的疑惑——为什么要让我干这些简单的、和我专业关系不大，而且即便做成了也毫无成就感的事情？

再大的事业，也是从小开始，从小一点点积累起来。同样，再大的成功，也是一点点积累起来！如果你能把一件件看起来不是非常重要的小事做好，那么自然会有更重要的工作交到你的手里。一点点积累经验和教训，总有一天，你可以担当重任，也会有人赋予大任。

与其抱怨、整天感慨怀才不遇，空想梦想，不如脚踏实地，务实地把事情做好，乃至于表现优秀，你自然就会获得提升，你的能力和价值就会不断增值。反之，没有任何意义，你依然在原地踏步。

如果你的人生有大梦想，那就踏实地把"小"做好，努力把自己的手头工作做好，不是简单地做，而是力求极致、做到最佳。做好积累，当这些工作做好了，你就为后面攀登更高峰做好了准备，未来的大成功是水到渠成！否则，就永远只是空想，离梦想只会越来越远！

认准不撒手，有路埋头走

> 人生最遗憾的，莫过于轻易地放弃了不该放弃的，人生只有一条路不能选择，那就是放弃的路。

凭借《战狼2》和《流浪地球》两部牢牢占据中国影视票房前列的电影，最快成为百亿影帝的吴京，如今已然成为传奇。但他的人生，其实并不算是顺风顺水。因为练武，吴京受过很多伤。6岁断鼻梁，8岁破头去医院缝针，9岁胳膊骨折打上石膏，14岁下半身瘫痪。但是，他并未放弃，而是坚持了下来。

后来进入影视行业，他也依然受伤不断。因为拍摄《太极宗师》，他的手指曾被打断；拍摄《小李飞刀》，他曾被炸伤右眼。出道多年，吴京已是满身伤痕，但作为一名动作片演员，却一直不温不火。直到《战狼2》，他才真正广为人知。回顾他的星路历程，很多看似熬不过去的瞬间，他都咬着牙挺了过来，而正是这些坚持，才成就了今天的吴京。

人这一生，总要面对很多的难关，放弃意味着你要把你的坚强与勇敢揉碎，踩在脚底；意味着你要从山上走下去，再也见不到山顶的风景。而熬下去，你会看见光明。你要一个人去跨过那些以为跨不去的坎，爬过很多座又高又险的山丘，才能守得云开见月明。那些熬过去最后成功的人，只是比我们多坚持了一段路而已。别放弃，熬不下去的时候，恰恰就是成功的开始。

危中有机，事物都有拐点

> 伟人之所以伟大，是因为他与别人共处逆境时，别人失去了信心，而他却下决心实现自己的目标。希望总是出现在绝望之时！

古往今来，无数的伟人用他们的经历告诉我们，只有经得起逆境考验的人，才能成为真正的命运强者。失聪的贝多芬，在黑白键上扣响《命运》的交响；轮椅上的霍金，用两根手指探索了物理学的未知。逆境带给我们的不应只是勇气与坚韧，还应有化逆境为顺境的变通与智慧。正如南非总统曼德拉说的："人生最美的光环不在于人的升起，而是坠下后还能再升起来。"

人生匆匆数十载，谁都难免会遇到各种不顺心的时候。有人选择把逆境当成绝境，埋怨上天的不公，丧失斗志，蹉跎一生；也有人选择将逆境当成机遇，迎难而上，越挫越勇，成为世人眼中的传奇。不同的人生选择，也造就了千差万别的人生境遇。

坚韧人格被人们称为心灵的盔甲，使我们经历一次次的失败与挫折后，仍有从头再来的勇气和信心。它也是一种回弹的能力，帮助你在失败的深渊中，更好地认清自己，并能强力回弹超越原来的自己，从而实现成功。他们相信困难是暂时的，逆境总会过去，而所谓的危机，不过是隐藏在危险中的机会。而且，他们善于发现并利用这些机会，积极地通过自己的努力将眼前的劣势转化为优势。

一个人总要为自己活一次

活在当下并不是在当下得过且过随波逐流。
活在当下是对你的既定目标咬定青山不放松,不达目的绝不罢休。
活在当下是对你的追求忠贞不二,坚定执着。

不畏将来,不念过往,请活在当下。

活在当下,不是与自己的过去斩断,你过去的经历塑造了现在的你,所有好的坏的曾发生的,在若干年后都会变成回忆。但你要记得,所有这些回忆,都是过去的事情。那些错过的人、遗憾的事,既然已成往事,就不要再沉溺其中。你应该往前看,因为即便你想弥补遗憾,也唯有行动起来,才有改变的可能。

活在当下,不是执着于眼前,而失去了眺望远方的视野。你仍然可以憧憬你梦想之中的美好将来。然而你更应该明白,那样的未来不是上苍赐予,也不会自动到来,而需要你在此时此刻,用自己的双手去创造。沉溺设想之中的未来,在当下选择躺平的人,他们的所谓梦想,仅仅只是不切实际的妄想罢了。

活在当下,是过好你的每一个今天,是珍惜当下的每分每秒,是在今日用汗水浇灌,以奋斗耕耘,期待着明天可以收获累累的硕果。卡耐基说:"昨天是一张过期的船票,明天是还未兑现的支票,只有现在才是最好的现金流通。"这是你的人生,你想要明天拥有一座辉煌的宫殿,就要在今天一砖一瓦亲手构建。

自在人生，如此而已

人生有三样东西是无法挽留的：生命、时间和爱。所以你能做的就是去珍惜。

岁月难饶，光阴不逮，幸福并不复杂。饿时，饭是幸福，够饱即可；渴时，水是幸福，够饮即可；穷时，钱是幸福，够用即可；累时，闲是幸福，够畅即可。人生，由我不由天；幸福，由心不由境。

生活就是一个一去不复返的过程，错过的人和事，可能再也无法挽回。趁大好时光，爱想爱的人，做想做的事，认真地去爱，用力地去活，不辜负自己。不要太考虑得失，太计较结果，尽情地投入到生命美好的过程中。挫折会来，也会过去，热泪会流下，也会收起，没有什么可以让我们气馁的，因为我们有着长长的一生。世间除了生死，其他都是小事，只要好好地活着，就是我们人生最大的意义。

我们应该少一些依赖之念，多一些奋斗之心。要明白求人不如求己，只有自己才能拯救自己，只有努力才能拨云见日，只有奋斗才能实现自己的梦想，拥抱属于自己的幸福。在努力奋斗的同时，别忘了人生有三样东西是无法挽留的：生命、时间和爱，所以你能做的就是去珍惜。岁月难饶，光阴不逮，其实幸福就在身边。只要用心走下去，相信经过一段努力之后，我们会在前行的路上，遇见不期而遇的温暖；相信经过一段奋斗之后，我们会在前进的路上，撞见最美丽的风景。

如此笃行方可成功

> 狼性团队生存法则：凡是想方设法逼出员工能力、开发员工潜力的公司都会越来越强，因为在这种环境下，要么变成狼，要么被狼吃掉！

腾讯是目前世界上最大的游戏公司，其成就与辉煌，离不开公司内部充分竞争的狼性文化。

为了改变原创能力的不足，提高公司内部原创游戏的生产能力。2008年，腾讯互娱旗下成立了八大工作室：琳琅天上、天美艺游、卧龙、量子、光速、魔方、北极光和五彩石。这些隶属同一家公司旗下，却各自保证独立性的工作室，先后开发出了QQ飞车、御龙在天、斗战神等一批成功的自研游戏。2009年就让腾讯互娱跃居中国游戏行业第一位，充分证明了工作室架构机制确立的必要性。

看到了内部充分竞争的好处，腾讯于2014年再度调整旗下工作室组织架构。原本的八大工作室，重组为隶属四个工作室群的20个工作室，分别为天美、光子、魔方、北极光。如今，腾讯游戏不仅在国内几乎形成了一家独大的局面，甚至在全世界范围内，都已经是首屈一指的游戏公司。内部的充分竞争，堪称其源源不断的内动力。

兰月

管理是一种严肃的爱

> 世界上没有真正意义上的安全感，最不给员工安全感的公司，其实给了真正的安全感，因为逼出了他们的强大，逼出了他们的成长，也因此他们有了未来！

人的能力都是逼出来的，不到最紧急的关头，不到最后一刻，人都会想要逃避，只有逼得最狠的时候，才是潜能发挥最大的时候。聪明的公司会让员工不断处于这种被逼的状态，公司整体的竞争力才会持续保持。任何强大公司都不会给员工安全感，而是用最残忍的方式激发每个人变得强大，自强不息！凡是想办法给下属安全感的公司都会毁灭的，因为再强大的人，在温顺的环境中都会失去狼性！凡是想方设法逼出员工能力，开发员工潜力的公司都会越来越强，因为在这种环境下，要么变成狼，要么被狼吃掉！最不给员工安全感的公司，其实给了真正的安全感，因为逼出了他们的强大，逼出了他们的成长，也因此他们有了未来！

如果真的爱你的下属，就考核他，高要求，高目标，高标准，逼迫他成长；如果你碍于情面，低目标，低要求，低标准养了一群小绵羊、老油条、小白兔，这是领导对下属前途最大的不负责任！因为这只会助长他们的贪婪、无知和懒惰。让你的下属因为你而成长，拥有正确的人生观、价值观，并具备了完善的品行，不断地成长，就是老板对下属最伟大的爱！

从优秀到卓越同样需要管理者推动

> 让你的下属因你而成长，拥有正确的人生观、价值观，并具备完善的品行，是一个管理者对一个团队应有的贡献。

说起中国的程序员，有一个人是绕不过去的——中国第一程序员求伯君。这个出生在浙江一个名叫西山村的小地方的男人，从小就有神童之名：以当地高考状元身份，入学国防科技大学，进入数学信息系统专业。

工作之后，求伯君追随恋人脚步南下深圳，得遇伯乐支持，单枪匹马开发出 WPS1.0，数年间达成中国软件销量、覆盖率、普及率全国第一的成就。后来珠海金山成立，求伯君以盘古办公系统迎战来势汹汹的微软 Office，悲壮得如同向着风车发起冲锋的唐·吉诃德。他理所当然地失败了，但他并没有放弃，不惜以其他业务赚取的资金补贴 WPS，延续至今，让 WPS 在中文办公软件市场上，至今能和微软 Office 一较高下。

后来者可能更熟悉雷军，这是另一位少年英雄，当年在求伯君光环下的雷军，从一名单纯的程序员，成长为掌舵金山软件的软件业巨头，再到后来一手创立小米……这些成就背后，与求伯君同样息息相关。或许求伯君并不符合人们对一位英明的团队领袖的期待，但不独是雷军，这些年从金山走出的互联网科技大佬们，都可以证明，这位非典型的领袖求伯君，确实能够带给自己的下属以成长。

带团队法则：严是爱，松是害

> 管理是有条件的爱，如果你真的爱你的下属，就考核他，要求他，并且高要求，高目标，高标准，逼迫他成长。

一个逼下属成长的上司，对员工来说，绝对是一个好上司；一个逼迫下属成长的管理者，对公司来说，绝对是一个好的管理者。于公，员工的成长直接关系到企业的发展，无数人在寻求怎么降低成本、提高效益，其本质都是增强员工能力、降低管理成本。于私，长期来看，这样对员工是有好处的，比起放任自流，逼迫他们成长更容易赢得员工的尊重。就好像很多学生虽然上学的时候都会抱怨老师太严，但是成年后都会表示感激。特别是对刚踏入行业的小白，他们进入一个企业的时候，就像一张白纸，他们对工作的认识还很浅，我们的企业是否能在这个阶段帮助他们树立职业化的精神，直接影响到这个员工一辈子的工作习惯。

就好像每个家长将孩子送到学校，都希望老师严加管教，"严"是形式，"管"是手段，"教"是目的，如果一个孩子从学校毕业了，虽然从来没有受到惩罚、从来没熬夜写作业，但是什么也没学到，还一身坏习惯，这个家长会感激这个学校的"温柔以待"吗？当然，学校是收费的，必须承担教育职责，而企业是雇佣员工的，这样的管理是出于负责任的态度。

谨言慎行，修身安人

气不和时少说话，有言必失；
心不顺时莫做事，行事必败。
修身，以清心为要。
涉世，以慎言为先。

从小我的父亲就教导我，每逢大事需静气，生气的时候要冷静，气头上千万不能做决定，平日里也千万要少说、不说气话。

人人都有七情六欲，我们总是被众生的喜怒哀乐所感染，悲喜着别人的悲喜。这种共情能力，是我们生而为人的证明，证明我们的血还是热的，心还在跳着，我们依然有着明确的是非观，纵然看过世态炎凉、人情冷暖，也依然相信，这世间存在着真善美。我们常说，不以物喜，不以己悲。可是，我们都不是圣人，亦非古井无波的得道高僧，有些情绪，很正常。

只是，当我们带着情绪的时候，千万不能随意开口。带情绪的话语，就像是淬毒的利刃，会给别人带来长久的伤痛。事后我们会后悔，但已经发生的事，即便弥补，又如何能和好如初？

同样的，带情绪的时候，也千万别轻易做决定，意气用事要不得，所有的决定都应该深思熟虑，仓促做下的决定，往往不能成事，反而会坏事。能够静下心来，再去做决定，才能减少我们因情绪化的行为，而造成的损失。

修一颗清净的心，为人处世要谨言慎行。

二八定律由此而生

> 成熟的人做应该做的事，任性的人做喜欢做的事。

年轻人踏上社会的时候，总是会有这样的矛盾和困惑，梦想和责任并不统一，你想去做你想做的事，但现实却要逼着你低头，去做你该做的事。

但最后，我们会发现，大部分人都不会为了追逐梦想而奋不顾身。面对走向梦想的路上所遇到的各种坎坷，以及最后可能的一无所获，更多的人，会选择一条更稳妥的道路——在合适的年纪，做该做的事。是他们敢于沦为平庸，轻易地就放弃了梦想吗？不，只是因为，他们选择长大，选择成熟。

生而为人，必定伴随着一些社会、家庭带来的责任，和必须要做的事情。做你应该做的事情，一生可能不会有太多的坎坷，但是也不会有太多的激情，年纪大了后回忆起来，可能会感觉这一生太过平淡无奇。

但并不是说，做该做的事情，就一定要放弃梦想，只是你在对梦想还无能为力，对实现梦想还没有把握的时候，先做自己应该做的事情，在做的过程中不断充实自己，为自己想做的事情去储备能量。

奋斗才是人生最好的底色

  如果选择了现在安逸懒惰，那就做好准备接受未来的平庸艰难；若是心有不甘，就从现在开始直面挑战。生命中没有一种状态，能比不懈努力更能让我们活得理直气壮。只有经受得了旅途风雨，才能看得到满天彩虹！

  清明回乡祭祖的时候，隐约听人说，隔壁老叔家的闺女，如今被赶回娘家。这姑娘小时候是我看着长大的，不是多聪慧的人，但性格脾气却都温柔可亲，是那种你不由自主就能生出好感，希望当自己女儿一样呵护，祝愿她一辈子平平淡淡却幸福安稳的姑娘。邻居家挺传统，但还是让女儿读完了大学，只是刚毕业就嫁了人，怀孕生子，相夫教子，一晃也有十来年的时间了。往年乡邻的传言之中，姑娘过得如意顺遂，怎么今年，这情形突然就急转直下了呢？

  后来略微知道事情的经过，姑娘的丈夫家里原来经营一家工厂，近几年实业经营多艰，厂子的经营便每况愈下。刚刚接手家族生意就面临着不断走下坡路的情况，那小伙子的脾气也免不了愈发急躁，本来琴瑟和谐的夫妻关系每况愈下。姑娘也没什么错，小伙子却开始嫌她在外帮不上忙，逐渐争吵，以至于大骂。姑娘不堪承受，也就回娘家，期待着分开后能冷静一下。

  其实姑娘在家照顾老人孩子，对家庭的贡献不见得就小，但这样的贡献往往会被忽略。家庭分工总是有所不同，但往往经济基础决定上层建筑，姑娘对家庭收入没什么贡献，讲话也没法理直气壮。只是她一辈子除了上学便是处理家务，这辈子

兰月

也没在外上过一天的班，想找一份合适的工作也难。

姑娘回家之后，除了照顾孩子，倒是逐渐有了闲暇时间。在闺蜜的劝说和帮助下开始经营网店。小半年的时间，电商这块竟然被她做得有声有色，忙起来以后，不再垂泪或顾影自怜，甚至不太在意丈夫是否回心转意了。经营一份属于自己的事业，最是容易让人获得成就感，纵然忙碌，也不觉得辛苦。

她和父母感叹，前半辈子，兜兜转转都在家里面的一亩三分地上打转，固然是安逸了，但也被限制了眼界和格局。奋斗才是人生最好的底色，拼起来，才能让自己这一生活得理直气壮、有声有色。

桂月

风泉虚韵,
八月微凉生枕簟,
金盘露洗秋光淡。

内心强大的人无须外在表露

强势的人未必是强者,随和的人未必是弱者。

如果你听过一些马云、马化腾、李开复这类人的演讲,那么你通常会发现一件很有意思的事情——这些站在财富顶端,事业成功的人,往往并不是我们想象中那样强势的人。或者说,他们已经不需要靠语言或者动作来表达自己的强势。一般规律而言,越是事业有成的人,说话越温润,音调越平和,徐图渐进,越强越是放低姿态。如果仍然摆出一副咄咄逼人的架势,不仅会让人觉得不好相处,更会让人觉得不够成熟,不能担当重任,甚至会被怀疑德不配位。毕竟,真正的强势在于能力和气场,而非音量和性格。

强者不等于强势,强者受人尊重,但强者并不咄咄逼人。真正的强者胜在宽宏气度,胜在能力谈吐,而不是浑身细胞都洋溢着野心二字。

做得到是境，做不到是界

> 人生处世四种境界：一是痛而不言；二是笑而不语；三是迷而不失；四是惊而不乱。

人生之中，我们必将经历波折坎坷、喜怒哀乐、悲欢离合。如何面对，是一生之题。

痛而不言，是一份坚韧，一份刚毅，是狂风骇浪中傲立不屈的礁石，是滚滚黄沙中顶天立地的胡杨，是铮铮铁骨的硬汉铭烙在骨血中的气节与骄傲。

笑而不语，是一门处世学问，如同水，无孔不入之余，无形无迹，它随时给你当头一棒，等你反应过来，细看他的招数，却只看到一个人悠哉游哉，事不关己一般在远处冷眼旁观。

迷而不失，是一种智慧。有着坚定智慧信仰的人往往对生死、对无常、对姻缘有着清醒而超脱的认识。相反，没有智慧信仰的人，则容易在挫折来临前，觉得自己充满能量，一切都在掌控中，以为自己能改造自然、决定命运。然而一旦意外发生，就立即陷入莫大的无助、慌乱、痛苦之中。

心惊则心动，而动中有静、惊而不乱则具有别致之美。

人生境界，是在时间中磨砺出来的。只要有成长的意愿，义无反顾地走下去，就总有那么一天，在某个日耀的清晨或某个妩媚的黄昏，打开从前的记忆，发现所有的误会、伤痛早已消逝在旧日的风中，唯有那盈盈的微笑镌刻在岁月的年轮上。

桂月

是选择决定了你是什么人

任性是事业最大的敌人，自律是成功最佳的使者。

你天资聪颖，时不时也迸发出一股劲发奋工作。但遗憾的是，这并不能保证你的一生会成功。看看那些杰出的企业家，他们身上有一个相同的品质——自律。因为要让想法得到认可、让辛勤工作变成财富，需要持之以恒的坚持和坚定的决心。然而，讽刺的是自律往往也是聪明人最欠缺的品质。因为对于他们而言，这个世界有太多的精彩想去了解，专注于其中的某一个实在让他们难以得到满足。

自律，就是自我管理和自我约束，是自己和自己的约定，即使违约，通常也不会受到他人的惩罚，很多人因此而丧失自觉性，沉浸在不自律的"舒服"里，只想把它无限延长，且忽略潜在风险，殊不知生活已暗中做好了惩罚的准备。

自律是一种自省、一种素质、一种自爱、一种觉悟，当自律成为一种习惯，会让人感到幸福快乐、淡定从容、内心强大，充满积极向上的力量。而一个约束不了自己、明知道不可为却为之的人，常常会感到沮丧、失落、愧疚，容易进入不思进取、得过且过的恶性循环里。

能够做到自律的人常常有坚定的意志力和果断的品质，这些也是一个成功者必备的素质。你有多自律，就有多成功。

水至清则无鱼，人至察则无徒

行于世，当识人，然识人不必探尽，探尽则多怨；
当知人，然知人不必言尽，言尽则无友；
当责人，然责人不必苛尽，苛尽则众远；
当敬人，然敬人不必卑尽，卑尽则少骨；
当让人，然让人不必退尽，退尽则路寡。

　　人是社会动物，事事都与他人息息相通。无论是从远古还是到现在，知人识人，但不评人，都很重要。知人识人，第一步就要明确人的分类，从人性的角度可以将人简单分为四类：知人且自知者；知人却不自知者；既不知人也不自知者；不知人仅自知者。知人识人的过程，同时也是我们不断进阶对自己认知的阶梯，从幼年的无明无智到青春的自我苏醒，从模糊的定位到清晰的逻辑，你会慢慢发现，比观察人更重要的是观察自己。观察自己，但不要给别人贴标签，人性是不可测的。永远要怀有一腔赤诚，善待人，关护人，不可激起对方心中的怨恨，而是以平静的心，温和的态度，微笑的脸，还有关切凝视的目光，唤醒朋友们心中的柔和与善意。朋友是人生不可或缺的伙伴，多个朋友，不过是多点关护责任，但多了一个怨恨者，就等于在身边放置了枚不定时炸弹，迟早会炸你个措手不及。
　　只有俯瞰人性的视角，才能够赋予我们慈悲的智慧。

桂月

一直坚持

> 人活得不快乐且又不成功的原因往往是：
> 既无法忍受目前的状态，又没能力改变现在的一切；
> 可以像只猪一样懒，却又无法像只猪一样懒得心安理得。
> 间歇性踌躇满志，持续性懒惰无为。

其实，大多数人都有一颗上进的心，可80%的人都失败在了三分钟热度上，踌躇满志地做好了计划，却在坚持几天后，又做回了自己。以我自身的经历以及对身边朋友的观察，真正能够坚持去做一件事且让其成为习惯的人是少之又少。

做一件事情不难，坚持三天、五天、一个礼拜不难，坚持一个月、三个月、半年，却不简单；而如果一个习惯能够坚持三年、五年、十年，天天如此，这样的人通常会在某个领域有所成就。你只看到别人一夕逆袭，却看不到这一夕的背后，又藏着多少个日日夜夜。进入瓶颈时的焦头烂额，进步甚微时的心灰意冷，辛辛苦苦学了好久却毫无用武之地的失落和懊丧。这些，都是别人看不到，或者看到了，也不能共情的。

但总有一天，他们会有所成就。你以为他们真的是幸运地遇到了那一天，撞到了那个机会吗？并不是的，是那一天终于等到了他们。等他们大步流星，勇往直前之时，那一天才会出现在生命的岔口向他们招手。而对于永远庸庸碌碌的大多数人，它跟从前的每一天一样，也跟今后的每一天一样。

初心不改才能砥砺前行

> 一个现代人如果没有定力是很难成功的，因为每一条路上都充满了诱惑。

人生，需要定力。只有定力，才能使人对目标、事业、生活、心理和情绪，保持一种相对的稳定性，才能成就那些想成就的事业、生活和梦想。

有定力，就要有理想和信念。这是一个人，产生和拥有定力的重要前提和基础。有定力，就要有目标和追求。目标和追求，是人们前进的方向，也是其动力之源。有定力，就要有主见和坚持。有主见的人，心明眼亮，胸有成竹，能够判断是非，把握大局，做出正确的决断，并持之以恒地坚持下去。有定力，就要有自信和底气。一个充满自信和底气的人，才会有坚强的定力。所谓万丈高楼平地起，最重要的是根基，就是这个道理。有定力，就要有意志和毅力。定力，还需要有坚强的意志和顽强的毅力，要有百折不挠的勇气，要有愈挫愈勇的精神，要有一不怕苦、二不怕死的决心，要有万水千山只等闲的人无畏英雄气概。否则，所谓定力，是经不起考验，也是不能够长久保持的。

定力需要持久的学习、磨炼和提高，需要长期打下深厚的基础，才能够获得。人们只有具备了以上这些条件、素质和品质，才会有真正不可动摇的定力，也才会在千难万险和各种诱惑面前经受住考验，把持住自己，使人生和事业取得圆满成功。

人生没有彩排，每一刻都是直播

> 人生是部大戏，一旦拉开序幕，不管你如何怯场，都得演到戏的结尾。
>
> 戏中我们爱犯一个错误，总把希望寄予明天，却常常错过了今天。
>
> 过去不会重来，未来无法预知，我们唯一可做的，就是不要让今天成为明天的遗憾。
>
> 人生没有预演，我们迈出的每一步都弥足珍贵。

人生没有彩排，每一刻都是现场直播。当我们的起心动念以及一言一行展现出来之后，都会被自动归入我们每个人命运的运行轨迹当中。如果是正能量的加持，那我们的人生轨迹就会朝着向上向善的方向前进，否则，就是停滞或者开倒车了。只有明理才能归道！也就是必须打下坚实的基本功，否则，就无法抛开顽固的"我执"，更无法识理。那么，离道万里就是再正常不过了。为学日益，为道日损。一增一减最好的场所，就隐藏在我们所谓的红尘之中。而所有的矛盾、障碍、不顺畅，都是我们修炼的功课。只有耐心地一个一个去理顺，才能让我们的生命获得真正的力量。我们要从每件小事做起、做好，让生命的力量早日呈现，为社会和谐贡献力量。

一勤天下无难事,百尺竿头立不难

> 越勤奋,机会越多,越可能抓住机会。
> 就算天上掉馅饼,也要起得早。
> 成功没有侥幸,运气来自勤奋。
> 浅薄的人相信运气,而成功的首要秘诀是勤奋。

有记者问科比:"你为什么能如此成功呢?"科比反问:"你知道洛杉矶凌晨四点钟是什么样子吗?"记者摇摇头:"不知道,你说说洛杉矶每天早上四点钟是什么样的?"

科比挠挠头,说:"满天星星,灯光寥落,行人很少。"当你在睡梦时,别人已经在去体育馆的路上,你酣睡未醒,人家已经在场上训练两个小时了。

科比是 NBA 历史上伟大的运动员之一,曾经五次获得 NBA 总冠军,两次获得总决赛 MVP,17 次入选全明星阵容,在赛场上拿过单场 81 分的壮举。

我们羡慕他的天赋,妒忌老天爷给他的好运。但是,NBA 赛场上,比科比有天赋的还有很多,为什么成功者寥寥可数?越勤奋才越有运气。确实有走狗屎运飞黄腾达的例子,但太稀有,稀薄得就像月球上的空气。这样的运气总会有挥霍光的时候,一旦过气,人生不可避免地走下坡路。而勤奋会带给你源源不断的运气,就像如果天上不定期掉馅饼,出勤 8 小时的人也总是能比出勤 1 小时的人接到更多。

不怕万人阻挡，只怕自己投降

不管全世界所有人怎么说，我都认为自己的感受才是正确的。
无论别人怎么看，我绝不打乱自己的节奏。
坚持自己喜欢做的事情，活出自己应有的风采。

村上春树说："每个人的天赋和际遇不同，当你选择开始做一件喜欢的事情的时候，并非都是坦途，有鼓励，也有打击，但既然喜欢，并且享受着，就一定要坚持下去啊！"

村上是一个特别令人羡慕的人，不是羡慕他如今的成就，而是羡慕他那种随心所欲的生活状态。他波澜壮阔的一生，大概就是一个大写加粗了的"我喜欢"！喜欢读书，就一本一本去啃；喜欢爵士，就休学去开酒吧；喜欢阳子，就与之厮守一生；喜欢跑步，就风雨无阻；喜欢写作，就笔耕不辍……他太知道自己想要什么了，想做的事，别人再怎么反对，他也要去做；不想做的事，别人也根本无法强迫他一分一毫。这种生活的底气、任性的状态，是很多按部就班、循规蹈矩的人羡慕不来的珍贵。

人活着，就是要做自己喜欢的事情。无忧，无虑，无怨，无悔。

跌宕起伏才是人生

> 人生没有彻头彻尾的绝望,是歌总有高潮,总有曲终人散,但是你必须记住结束当前这一首才能进入下一曲。

电影《肖申克的救赎》,讲述了这样一个故事:1947年,年轻的银行家安迪,被当成杀害妻子的凶手送上法庭,并被错判无期徒刑。妻子的不忠、律师的奸诈、法官的误判、狱警的凶暴、典狱长的贪心与卑鄙,将安迪从人生的巅峰推向了人间地狱。在肖申克监狱,安迪饱受了精神和肉体上的摧残,但他并没有向命运低头,经过二十多年的不懈努力,他挖穿了监狱的高墙,终于在一个雷雨交加的夜晚,从污水管道爬出监狱,获得了新生。

肖申克是一座人间地狱,那里使人对自由、对生命失去希望,无时无刻不侵蚀着人的心灵。但主人公安迪饱受着黑暗人性摧残,身陷绝望的肖申克监狱,但他没有放弃希望,并朝着希望不停地前进,终获梦寐以求的自由。

人世沉浮如电光石火,盛衰起伏,变幻难测。人生道路不是康庄大道,我们行走其上难免被坑坑洼洼、乱石野草绊倒,跌倒后我们只管怀抱希望迅速爬起,努力掸去身上泥土,看清前路上的坎坷、泥泞,继续朝理想中的远方前进。"强者自救,圣者渡人"我们不求做渡人的圣者,只求能成为于绝望中自我救赎、于失败中自强不息的强者。

熬过低谷,走过困境,人生会有新的一页。

桂月

拿得起，放得下

> 看得开、放得下、提得起、受得了。
> 所谓小事放不下，大事就装不下。

英国诗人弥尔顿是位失去了光明的人生斗士，他是如此自勉的："在茫茫的岁月里／我这无用的双眼／再也瞧不见太阳、月亮、星星和女人／但我并不埋怨／我还能勇往直前。"

弥尔顿、贝多芬和帕格尼尼，他们三人被称为世界文艺史上的"三大怪杰"，一个成了盲人、一个成了失聪的人、一个成了哑巴。

苦难，在这些不屈的人面前，不是噩梦而是礼物，让他们对人生和生活有了深刻认识，磨砺出了他们人格上的成熟与伟岸，意志上的顽强和坚韧。这些，都成就了他们辉煌的事业。

高尔基曾说："苦难是人生最好的大学。"当然，你必须看得开放得下，首先不要被其击倒，然后才能成就自己。在弱者的眼里，苦难是魔鬼。在强者的眼里，苦难让我们变得坚强，苦难让我们始终保持着清醒的头脑，苦难让我们知道一切都是如此来之不易……经历了苦难后，人就会愈挫愈坚，越战越勇。

人生最大的智慧就是看得开、放得下。人生如舟，如果负载过重，就算不沉船，也难免要搁浅。放得下，才能更好地拿得起。人生充满了各种诱惑，如果什么都想要，迟早会被累垮。只有遇事拿得起，放得下，才能永远保持一种健康的心态。

在磨砺中不断升华自我

> 一个人阅历的广度，经历的厚度，沧桑的深度，悟性的高度，决定了你的成熟程度。
>
> 只有时间与亲身经历的沉淀才能转变思想和观念。

用言语去说服一个人，从来不是一件容易的事情。一个坚持自我的人，容易固执己见，只相信自己相信的，如果你不能干脆利落、淋漓尽致地摧毁他自成体系的逻辑，就很难让他心服口服地相信你想要让他相信的。而一个耳根子软，很容易被人说服的人，又常常会在不同人的不同说法之中左右摇摆，举棋不定，你可以说服他，他却也可以被别人说服，就像他从来不能坚持自己的想法一样，你也没办法让他坚持你灌输给他的看法。

唯独环境对于一个人的塑造，是最为彻底的。我们常常听说，有个读书吊儿郎当的孩子，在家庭变故后浪子回头发奋读书，考上了一所不差的大学；也曾听闻，有些坚强的女性在失去丈夫之后独立抚养孩子，一个人撑起了家庭，让人夸赞着"女子本弱，为母则强"。

更多的改变来自潜移默化，常常读书的人，身上难免会带一点书卷气；而曾纵横沙场的百战老兵，会有这样那样的"杀气"。居移气，养移体，常年养尊处优的人，会自然而然地散发出贵气；而长期掌握权势和财富的人，亦有上位者的气息。你所经历的、拥有的一起，都将决定你会成为一个怎样的人。

境由心造，事在人为

> 大其心，容天下之物。
> 虚其心，爱天下之善。
> 平其心，论天下之事。
> 潜其心，观天下之理。
> 定其心，应天下之变。

豁达大度既是一种生活态度，又是一种思想深度，认识程度的体现。因此，其本身就没有统一的标准。每个人认识的角度不同，需求不同，其对心胸开阔，豁达大度的理解也不尽相同。责任心必须有，不论对工作，对家庭皆然；还要做到为人谦虚。古人云：虚怀若谷大丈夫。无谦虚之心，自以为是，怎么可能表现出宏大的气量？

人的志向高远，自然注重大是大非，而无暇顾及枝小末节，不会对小事斤斤计较了。要做到善心度人。如果以为除了自己之外，其他人都是坏人、笨人，自然会步步设防，针锋以对，显现出来的必定是为人刁钻，狭隘。看人的出发点错了，再好的推理都只能得出错误的结论。

大地承受不住的东西，胸怀可以容纳，我们的心虽然只有拳头大小，但它和天地一样，也是没有界限的。

坚定目标不放弃

> 一个人一生只需做好三件事：
> 知道如何去选择，
> 明白如何去坚持，
> 懂得如何去珍惜。

李安在上高中的时候，他的父亲是一所中学的校长。家里人很重视他的学习成绩，但私下，李安却从高一起，就梦想当导演。第一年考大学，李安以六分之差落榜，第二年重考，数学甚至只差了零点六七分，再度以一分之差落榜。"二度落榜在我们家有如世界末日，我根本没想到会发生在我身上。"李安当时最大的情绪发泄，不过是把桌上的台灯、书本一把扫到地上，然后跑出家门透透气。李安后来考上艺专影剧科。据他形容，是"灵魂第一次获得解放"，那时才发现，原来人生可以不是千篇一律的读书与升学。他在舞台上找到真正的自己，学芭蕾，写小说，练声乐，甚至是画素描，各方尝试后在电影领域里渐放光芒。

每个人走向成功的路都是截然不同的，但坚定目标，不轻言放弃才是通往成功的必经之路。今天的失利不代表失败，仅仅只是人生中的一场际遇。无论接下来你会选择何种道路继续走下去，都请一定要坚持到底。

对自己负责

> 人这一辈子,不管活成什么样子,都不要把责任推给别人,一切喜怒哀乐和现在的结果都是自己造成的。

一个人真正能选择和把握的唯有对这一切外在际遇的人生态度。因此,假如你明了究竟自己要做什么样的人,懂得了对自己的人生负责,你就有了正确坚定的生活态度,不论成功与否,幸福与不幸,都可以乐不忘形,悲不失态,保持做人的正直和尊严。

一个不知对自己人生负有什么责任的人,他自己的人生必定是放任自流、浑浑噩噩的人生;一个不曾思考自己人生使命的人,在责任问题上必然是错位、模糊和盲目的。

这辈子你活成什么样,都是你自己决定的。每个人来到世上只有一次机会,如果这唯一的一次虚度了,也就追悔莫及了。人世间大多责任都是可以分担甚至推卸的,唯独对自己的责任,只能靠自己!

善待生活

> 生命是一种回声，你把最好的给予别人，就会从别人那里获得最好的。

境由心造。你自恃尊荣，以万物为敌，万物也必将以你为敌，这就是自取灭亡；你谦卑惭愧，以万物为友，万物也必将以你为友，这就是同生共荣。万物本无情，因你心有情而有情；万物本有情，因你心无情而无情。给予就会被给予，剥夺就会被剥夺，信任就会被信任，怀疑就会被怀疑，爱就会被爱，恨就会被恨。生命就像是一种回声，送出什么就收回什么；你播种什么就收获什么；你给予什么就得到什么。你怎样对待人们，取决于你怎样看待他们，我们对他人的态度，是自己对自己态度的投射。你释放友善的信号，别人也会以友善的态度对你；如果你无时无刻地散发着负能量，那么别人会对你敬而远之。你好好对待生活，通常来说，这一生都不会过得太差；你自暴自弃，想要有所成就，几乎不可能。所以，请善待生活，给予世界以善心，世界也会回报以善意。

没有胸怀怎么能成大事

> 人生在世，要活出滋味、活出样子，就不能没有肚量。
> 水能容物以自洁，山不惧多以成峰。

李敖是著名的狂人，他自称"五十年来和五百年内，中国人写白话文的前三名是李敖、李敖、李敖，嘴巴上骂我吹牛的人，心里都为我供了牌位"。李敖谁都骂，余光中也未能幸免。李敖评论余光中说："文高于学，学高于诗，诗高于品"，定性为"一软骨文人耳，吟风弄月、咏表妹、拉朋党、媚权贵、抢交椅、争职位、无狼心、有狗肺者也"。更写诗直言余光中的诗是"悲哀的马屁，臭臭的马屁，为你而拍，悲哀的新诗，无耻的新诗，为你而写"。

一次采访，记者问余光中："李敖天天找你茬，你从不回应，这是为什么？"

余光中略一沉吟："天天骂我，说明他生活不能没有我；而我不搭理，证明我的生活可以没有他。"这回答相当之巧妙，回避了争执，又显示了自己的肚量。

余光中曾说过："私德有如内衣，脏不脏自己知道。声名有如外套，美不美他人评定。"知我罪我，其惟春秋。

天行健，君子以自强不息

一个人经常往上看，就会长高；
老是低头捡便宜，就会驼背。

    一个人要生活得健康、开心、快乐，就要有一个良好的心态。我们对于人生要有一个积极向上的心态，要相信我们明天会生活得更好，更美，更幸福，要有希望，更有梦想。善待自己，不被别人左右，也不去左右别人，自信、优雅。如果做一粒尘埃，就用飞舞诠释生命的内涵；如果是一滴雨，就倾尽温柔滋润大地。

    永远向上，是一种在道德之上的进取。"天行健，君子以自强不息。"即使是走向生命的最后一刻，也要站好工作的最后一班岗。生命不息，创造不止，不放弃，不停歇，进取的人生才不留遗憾。在生命的路两旁，"上"在左，"善"在右，随时播种，随时开花，才能将这一路长途点缀得花香弥漫，使采花拂叶的人，踏着荆棘，不觉得痛苦；有泪可挥，不觉得凄凉。

从心出发

人生是一张单程车票，没有回程。

你无法选择生在怎样的家庭，拥有怎样的父母，是哪个国家的人，有哪种颜色的皮肤，将会有怎样的人生。伴随着太多的未知，我们还是无从选择地来到了这个世上。

你，作为一个人，作为一个独立的个体，却承载着父母的期许，朋友的信任；如果你是一个母亲或者父亲，你更是一个榜样，是儿女的标杆。生而为人，肩负重任；道路漫长，从心出发。

人经历得越多，相处的人越多，你越会忽略自己，忽略真实。你此刻是怎样活着，是敞开心扉地追寻所坚持的信念，还是手足无措地徘徊，你是否对自己坦白真诚？人把自己置身于忙碌之中认为是充实自我，不需要停下来思考，只需要一直向前；为了家人，为了孩子，为了各种各样的理由，那什么是为了自己？

如果你停下来思考，你会更加清晰地找到前进的方向，即使你身处黑暗之中，你也可以看到照亮你的光。人生也只不过是白驹过隙瞬间而已，希望你多面对自己，真实地从心而活。

你想好怎么过一生了吗？

规划人生不迷茫

人生需要规划,没有人来理会你的一堆烂事。

早年,美国一所大学的社会学教授,访谈了1000名即将毕业的本校学生,问他们一个很简单的问题,即"您对自己的人生有没有清晰的人生规划"。得到的结果是,只有很少的一部分,几乎不到4%的学生对自己的人生拥有清晰的规划;还有一小部分学生虽然有规划,但是并不很清晰。

多年以后,这位执着的教授又回访了这些学生,发现一个惊人的结果。数据表明,当年毕业时那些拥有清晰人生规划的学生,各方面相当优秀。那些模糊计划的学生,也不乏成功人士。而那些没有规划的学生,一般都是在工作几年后,一旦衣食无忧就不再努力了,所以大部分人只能长期作为一个平凡的职员、技术人员或销售人员,生活比较艰辛。没有计划的人往往被规划掉,而用心规划的人生才更容易成功。

有了规划人生才不会迷茫,有了人生的规划,我们不仅清楚自己现在所处的位置,更清楚自己下一步所要迈出的方向。

喜一行，干一行，爱一行

干一行爱一行，还是爱一行干一行，不同的理解可能会有不同的结果。

主观能动性是一种很重要的推动力。很多人在自己不喜欢的岗位上，发挥不出自己的特长，也找不到激情，淹没了自己的才华，堪称是一种浪费。如果是"爱一行，干一行"，那么我们就能全身心地投入其中，必然迸发更大的力量，在这一行里，有所建树。

不过，把爱好当成职业，往往会导致倦怠，最终的结果就是"爱一行，干一行，换一行爱"，然后在这样的循环之中不能自拔，最终一生一事无成。

我认为，最好的状态，是"喜一行，干一行，爱一行"，始于喜欢，过程艰苦，终于热爱。任何一个职业都是付出了相应的努力才得到相应的回报，但很多人或者在"过程艰苦"的环节改行，要么靠着固有的经验在公司混吃度日停止进步。除非你在某一个行业上很有天赋，那干每一行一开始其实都不是那么轻松的，一定会遇到很多困难；除非你真的很不擅长做某些事，大部分行业只要你足够努力地在干，都能干得不错并且找到一定的成就感。当然如果你干这份职业是"始于兴趣"，那你将有更大的概率"终于热爱"。愿你可以在此生，找到一生所爱的工作。

自信成就自律，自律成就自我

自律是对自我的控制，自信是对事情的控制。

先学会克制自己，用严格的日程表控制工作和生活，才能在自律中不断磨炼出自信。

自律决定了个人机器的运转，决定了你的成长，决定了你的执行力，决定了你能否成为更好的自己。

高尔基说过："哪怕对自己的一点小小的克制，也会使人变得强而有力。"

自律可以通过意志力不断地修正自我瑕疵，在日积月累的坚持中逐渐变得强大，这是人们在面对未知的未来时的一个强大的竞争力。反之，自律的人，因为他的强大，世界也会变得更加美好。

身材好，说明你在嘴上自律；气质好，说明你在学习和修心方面自律；人缘好，说明你在脾气上自律；事业好，说明你在时间、精力、体力、心力很多方面都自律；啥都好说明你在觉醒上自律。自律，才能每天都遇见更好的自己。

生活再苦，也没人能替你分担；想要的东西，不会有人送到你手上。每个人都是通过努力，去决定生活的样子。自律或许并不容易，但越懒惰越放纵自己，就越可能错过美好的人和事。从今天开始改变，对平庸生活奋力回击。所有的苦，以后都会笑着说出来。

用一生去写一个"勤"

> 以勤治惰,以勤治庸,不管是修身自律,还是为人处世,一勤天下无难事。

曾国藩从来不是一个有天赋的人,尽管一手创立了晚清近代赫赫有名的"湘军",但他赖以成名的打法却是"结硬寨,打呆仗",没有惊才绝艳的指挥,没有力挽狂澜的事迹,却恰恰应和了《孙子兵法》里的"故善战者之胜也,无奇胜,无智名,无勇功"。纵观曾国藩的一生,大约可以用这样一句话来概括"勤能补拙是良训,一分辛劳一分才"。

曾国藩六岁入私塾读书,天赋却不高,背书都比较吃力。有一晚,他在家里读书,背诵一篇文章。他先朗读后背诵,但诵读无数遍,却仍背不出来。于是,他就一遍遍地读,一遍遍地背。他不紧不慢地背诵着,却急坏了潜伏在他书房的屋檐下的贼人。贼人想等他读完书睡觉之后再进屋偷东西。可是那个贼人在屋外一直等,就是不见曾国藩睡觉。贼人实在等不下去,气地打开窗跳进屋,对着还在背书的曾国藩说:"就你这么笨还读什么书?我听几遍都会背了,你还没背下来!"那人当着曾国藩的面,将那篇文章从头到尾背诵了一遍,然后扬长而去!

曾国藩笨吗?至少在背书上,看起来是不如这个小偷的。但曾国藩能够成为一代名臣绝非偶然,而这个"聪明"的小偷,却籍籍无名。勤之一字,往往比所谓的"聪明"更重要。

现在就付诸行动

> 面对挑战我们应该怎么办?
> 不要等到明天，明天太遥远，今天就行动。
> 改变一种行为不要拖到明天，否则它会变成你的习惯。
> 拒绝一份诱惑不要拖到明天，否则它会对你造成伤害。
> 抓住一次机会不要拖到明天，否则失去了就不会再来。
> 不要让今天的行动拖到明天，否则它就无法带来精彩。
> 不要把机会拖到明天，因为机会是唯一的，等到明天就没有了。

明天开始早起，明天再去健身，我们总喜欢把太多的事交给明天，明日复明日，结果一事无成。每天止步不前地等待，只会让我们失去每一个行动的好时机，从今天从此刻就开始行动，我们才会距目标越来越近。

《世界上最伟大的推销员》，借传说中的羊皮卷，介绍了一些通往成功的品质。其中，羊皮卷之九是"我现在就付诸行动"。再完美的计划，不曾付诸行动，也就只是空想；再美好的明天，不在今天创造，就永远只能停留在下一个明天。唯有从今天就开始改变，明天才会更加美好；唯有今天就开始准备，明天才能抓住机遇；唯有今天就开始行动，明天才不会"来不及"；唯有今天就开始拒绝诱惑，明天你才不会在诱惑里沉沦。

没有行动的愿景只是一场梦境，没有愿景的行动只是虚度时光，只有为愿景付出行动才能获得幸福。

桂月

用欣赏的眼看事物，美好无处不在

> 欣赏是一种胸襟和风度，既容得下他人的平凡和浅俗，亦容得下别人的才华和成就。
>
> 唯有如此，自己才能平静超然，行进的船才能扬帆远航。

懂得欣赏，亦是一种稀缺的能力。

懂得欣赏的人，善于发掘别人的优点。每个人都有长处和短处，有擅长的事，也有做得不那么好的地方。刻薄的人会盯着别人的短处，而胸襟豁达的人会看到别人的长处。他们乐于成为别人的伯乐，挖掘别人自己都不知道的优点，让他们发挥出更大的价值。这样的人如果能够成为团队的领袖，便能物尽其才人尽其用，发挥出每一个团队成员最强的一面。

懂得欣赏的人，愿意给出更多的赞美。他们深知，赞美才是最好的语言，每个人都愿意听见别人的赞美，而非横加指责的批评。赞美有助于拉近人与人之间的距离，这时候再指出别人需要加强的点，就能免于交浅言深的困扰。这样的人如能组建团队，则团队内部会更加和谐，把每一份力都向外使，免于内耗。

对别人的长处，不要嫉妒；对别人的缺点，不要嘲笑。前者是你的胸襟，后者是你的格局。懂得欣赏的人，格局小不了，成就低不了。

出镜还是出局，取决于你如何决定

世界上任何一次机遇的到来，大部分人都必将经历的四个阶段：

"看不见——茫然无知"；

"看不起——不屑一顾"；

"看不懂——不求甚解"；

"来不及——束手无策"。

马云说，很多人输就输在，对于新兴事物，第一看不见，第二看不起，第三看不懂，第四来不及。

第一看不见，很多人受限于眼界，往往并能第一时间发现机遇。如何才能看见刚刚萌芽的机遇？你需要接受更多的信息，处理更多的信息，增长自己的见识，拓宽自己的眼界。

第二看不起，看不起，是偏见，更是格局问题。有的人足够幸运，机遇出现在他们眼前；他们又太不幸，因为偏见，而错失良机。

第三看不懂，看见了，看得起了，你明白这是一次机会，但受制于你的智慧和知识，不理解其中的逻辑。机会摆在眼前，你却因为看不懂而不敢贸然涉足其中，这或许是更痛苦的。

第四来不及，很多时候等你看到、明白、理解了这个机会的时候，你就已经没有先发优势了。但这并不意味着你已经毫无机会，毕竟，世界上总是存在着一些后发制人者，在同一个赛道上，跑赢了领先起步的开拓者。怕就怕你沉浸在错失这个机会的懊悔之中，这样，你不仅赶不上这一次的机会，还会错过一个又一个机会。

理解它，做到它

> 一个人想要在某一领域或某一件事上获得成功，就必须在身体力行上下功夫，别无他法。

小时候村子里的木匠招徒弟，不要太聪明的，要老实的。问老木匠原因，他说聪明人吃不得苦，偷工减料别人还不一定能看出来，迟早会害人害己。老实人肯下苦功，日复一日年复一年，不一定能很快练出手艺，却一定能钻得最深。

所谓工匠精神，有时就是"守拙"。《舌尖上的中国》第三部播出时，老铁匠一锤一锤敲出了章丘铁锅的名声。等章丘铁锅闻名天下，是个人都来敲两下锤子做所谓的"章丘铁锅"，泥沙俱下良莠不齐，终究毁了"章丘铁锅"的名声。为什么？因为后来的都是"聪明人"啊！

我见过许许多多"聪明"的人，处处走捷径，事事占便宜。看似走得快一点，但往往走不远；有时候相反，人"笨"一点，走得慢一点，倒是能够走得远一点。聪明的人都在下笨功夫，只有愚蠢的人还在耍小聪明。

刘震云在《一句顶一万句》中写过一句话："世界上有一条大河特别波涛汹涌，淹死了许多人，叫聪明。"懂得偷懒走捷径糊弄过去，都是小聪明。小聪明过了头，那就是蠢。要想成功，要有大聪明。大聪明是什么？就是懂得下笨功夫。收起我们的"小聪明"，多下点"笨功夫"，成就"大格局"！

只有实践才能出真知

任何成功之道，均无法在空想中实现。
思想的力量，只有在行动中才能发挥作用。

计划如果停留在纸上，就只有一张纸的价值。只有被付诸行动，才能产生更多的价值。行动是成功的开始，等待是失败的根源。能力是基础，态度是关键。很多时候，不是我们没有能力实现梦想，是我们缺一个行动的决断！行动不一定成功，但不行动连成功的机会都没有！成功的人比任何人都明白，做好任何一件小事都需要行动和坚持，更需要努力。他们比任何人都惜时惜命，所以才有资格享受拼命尽兴后的人生礼遇。挽起袖子，加油干，远比指手画脚地掂量更有力量！

行动是成功的阶梯，行动越多，登得越高。不要因为看不到成功而失望，如果你还没有看见成功的希望，那只是因为你累积的行动还不够多，你还没有站到一个足够的高度。要相信你的每一次行动都在累积你的高度，要明白，你的付出不会白费。坚持下去，直到成功。

桂月

我的事情我做主，我的结果我承担

> 没人能插手你的人生，当你下定决心做一件事，那就去尽力做；即便最后没有达成你的预期，但你还是得认真、努力去完成；在这过程中，你会逐渐认识到自己的不足，认清自己真正想要什么。

当万籁俱寂，夜深人静，而只有你一个人的时候，请好好问问自己：

这辈子，你有没有为一件事情，奋不顾身，拼尽全力？

年少时的梦想啊，是不是依然还深深记着？实现了吗？

如果没有实现，那这个梦想只是说说而已，还是你已经拼尽了全力？

长大以后，我们离自己的梦想越来越远，迷失了方向，找寻不到梦开始的地方。但最可怕的并不是愈行愈远的梦想，而是你的心脏再不会因为梦想而剧烈地跳动。你不会再有追逐夕阳的冲动，不再有淋漓尽致地踢一场球到虚脱的时候，不再有为一场考试一整个礼拜熬夜的时候……你开始得过且过，就算梦想重新放到你的眼前，你连再看一眼的心思都不再有。

你需要激情，你需要行动，你需要拼一场，更要奋不顾身地去闯一闯，要拼尽全力，去追寻一个哪怕最渺茫的希望。

人的一生要长大三次：第一次是在发现自己不是世界中心的时候；第二次是在发现即使再怎么努力，终究还是有些事令人无能为力的时候；第三次是在明知道有些事可能会无能为力，但还是会尽力争取的时候。

顺应人性才是最好的方法

风和太阳比能量看谁能让行人脱衣；北风越是猛烈地刮，行人越是紧紧裹住自己的衣服；太阳放射出自己的光芒，行人觉得温暖，脱下了衣服。

劝说往往比强迫更为有效。

邻人是一对三十多岁的夫妻，有一个孩子刚上初中，却已经进入了叛逆期。这孩子颇有些机灵，奈何心思不放在学习上；偏偏邻人望子成龙，哪里能让这孩子在应该读书的年纪，就这样放羊呢？

这个年纪的孩子，你跟他好好说话，好好讲道理，未必会听。这家的父亲又笃信棍棒底下出孝子，以至于几乎天天晚上，都能听到父亲打孩子的动静。父亲发火，孩子吵闹，母亲哭泣。

有一阵子我出差去了外地，回来后一连几天，隔壁都安安静静。早上出门碰到隔壁家的父亲，也觉得他心平气和许多。我不禁有些好奇，这一家子人都是转了性子么？

后来才晓得，原来是孩子的姥姥，从老家来了上海。这家的孩子上初中以前，都是姥姥一手带大的。老人家不认识字，却明白人一定要读书，念书才能出人头地的道理。只是和这孩子好好说话是没用的，棍棒也教不好，何况隔辈亲，老人家也不舍得大骂。

但老人家做得一手好菜，这家的孩子又是个贪嘴的。于是，老人家先诱之以利，让孩子好好做作业，第二天白天只要没被老师一个电话打过来叫家长，晚上就有孩子想吃的菜。接着便

桂月

是动之以情，讲讲孩子小时候的事情，又讲讲姥爷逝去之前对他的期盼。最后才是晓之以理，也是最粗浅最简单的道理。对这个时代的国人少年而言，读书，是唯一一条明明白白摆在面前的、出人头地的道路。

老人家在上海住了不到半个月的时间，邻人家的家庭悲喜剧却不再那么频繁上演了。后来我搬离了那里，对于邻人一家的消息，也就没那么清楚了。只是偶然听说，那孩子高中毕业就去了斯坦福，在读书这条路上，应当是走得不错。

菊月

天高气清,
待到秋来九月八,
我花开后百花杀。

有时候缺陷本身就是一种美

> 每个人都是被上帝咬过一口的苹果，世界上的人和事很难做到十全十美。
>
> 我们不能只盯住这个丑陋的缺口而忽略了苹果的芬芳，不能因为玫瑰有刺而否定它的幽香美丽，不能因为太阳有黑子而否认它的光热灿烂。

这个世界上不存在完美的人，每个人都有自己的缺点，当然，也有自己的长处。每个人都是不同的，所以，这个世界才会这么缤纷多彩啊！

读懂一个人，不能只看见他的缺点，更要看到他的长处。你能看到别人的长处，就会多一个朋友；你能发挥别人的长处，就是一个优秀的团队领导者。如果你看人只看缺点，就会觉得这个世界阴郁而丑陋；如果你看人都是优点，世界也会变得灿烂如画。

看到别人的优点，包容别人的缺点；更要看到自己的优点，包容自己的不完美。拥有和缺陷总是并存，造物主有一千个理由给你遗憾，生活就有一万个理由让你美丽。当生活的灾难扑面而来，当苦难的余烟茕茕围绕，当苦难成为人生的必修课，执着地绽放自己的梦想，在辽阔的天空中写下：相信自己。

世界就是这样变好的

想要一个不同的结果，必须得有一个不同的你。

读中国历史，我们会发现很多事情都似曾相识。历史是螺旋上升的，人类总是一而再，再而三地重蹈覆辙。有人称之为：历史的惯性。

生产力的发展会打破历史的惯性，但会导致新一轮的"重蹈覆辙"，资本总是在犯同一个错误，于是便有了十年一度的金融危机。

重蹈覆辙，似乎是一个人类永远也没办法跳出来的坑。因为历史是由人书写的，而人们总是免不了惯性思维的影响。大至列国纷争，小到鸡毛蒜皮。

什么叫惯性思维？惯性思维就是思维定式、习惯性思维，指人们在考虑研究问题时，用固定的模式或思路去进行思考与分析，从而解决问题的倾向。固有的东西是很难打破的，这也是经过历史的证明的。每次改朝换代，无一不是用血的代价换来的。但正所谓"不破不立"，要想突破自己，就一定要打破固有的、惯性的思维！

不重蹈覆辙才是真正的醒悟。比别人优秀并无任何高贵之处，真正的高贵在于超越从前的自我。

是改变成就了这个精彩的世界

相同的过去不会得到不同的未来，不同的现在创造不同的未来。

人生几十年，每分每秒都摆在那里。有的人一生波澜壮阔、海阔天空，一辈子抵几辈子过；而有的人，永远在没时间、没机会、没心情中消磨时光。每个人都有自己的功课要做，小孩子有，大人也有。如果今天的作业没做完的话，明天很有可能不及格；如果你明天想过好日子，你今天就必须努力！你无法阻止时间流逝，你只能管理自己。别把自己毁在"等有时间再做"，从今天开始改变。人活着，不是为了缅怀昨天，而是为了憧憬明天，等待希望。既然活着，就要沉得住气，弯得下腰，抬得起头。活得自信，活得有尊严，活得踏实稳健，活得品味自然，活得气质不凡，活得可圈可点，活得诗意浪漫，活得轻松温婉，活得快乐康健，活得意义非凡。

梦想这个东西，放在心中越重，离现实越远，不要等着天上掉馅饼，也不要奢望上天对你的同情，唯有去努力，才有可能看见一片新的天空。

世间的一切美好，皆源于一心

怀揣着一颗欣赏万物的心，读出每一个季节的美。

春天的莺歌燕舞，夏天的绚丽多姿，秋天的丹桂飘香，冬天的银装素裹。

拥有一颗欣赏的心，每一个季节都风光旖旎，诗情画意。

欣赏的眼光，让世界更美好。倘若我们能以欣赏的眼光看世界，则百步之内必有芳草，三人行中可见吾师，枯枝之上也能现新芽。

欣赏他人，可收获友情，收获更美好的自己。与人交往，欣赏是一种理解和沟通。见贤思齐，就如蓬生麻中，不扶自直，和优秀的人做朋友，你也会成为优秀的人。

欣赏自己，可收获自信，收获快乐。一个人唯有真正认可并懂得欣赏自己，才能挖掘和展现自己最美好的一面，内心的快乐才会源源不绝，也才能真正地爱自己。

欣赏自然，可游目骋怀，放飞心灵。

欣赏艺术，可得情怀高雅、使灵魂丰盈。

欣赏人生，可收获从容恬淡、岁月静好。世界喧嚣，人事繁杂，然以欣赏的心态去观照万物，则随处可见良辰美景，赏心乐事。挫折是铺垫，苦难有芬芳。了悟至此，风云自恬淡，岁月更静好。

懂得欣赏，我们的心态积极、阳光。心海永远高悬着喜悦欣然之帆，其乐何穷？

菊月

不做第一种人，要做第二种人

> 责人重而责己轻，弗与同谋共事；功归人而过归己，倬堪救患扶灾。

三国时期，孙权率兵收回荆州后，设宴庆功、犒赏三军，并把大将军吕蒙置于上座，把战争的胜利全部归功于大家，令众将士深为感动。后来，孙权被曹操手下的张辽所激怒，带兵与之决战，结果大败而归，孙权诚恳、自责地说："这次失败，完全是我轻敌所致，从今往后我定当改正。"孙权推功揽过的做法，深得将士们的拥戴和敬重。

与孙权形成鲜明对比的是袁绍，他的势力一度威震中原，但却好大喜功。有一回打仗获胜后，他竟当着众将士的面吹嘘说："要不是我料敌如神，采取侧击包围的战术，我们怎能这么快就攻下来？"众将士面面相觑，不敢多言。后来，曹操打败刘备回师官渡时，袁绍要同曹操决战。谋士田丰认为战机已失，不宜开战，但袁绍执意出兵，结果惨遭大败。这时候，袁绍不但没有反躬自省，而是把责任迁就于他人，处死了田丰。他揽功推过的行为，招致众叛亲离，终为曹操所灭。

与人交往，推功揽过，是赢得良好人际、成就自己的"良方"。孙权宽厚大度，推功揽过，从而很好地树立了威信，赢得了将士们的拥戴，成就了一番事业；而袁绍心胸狭隘，推过揽功，残害忠良，结果引起众叛亲离，遭到了彻底的失败。

自律与坚持

> 真正决定一个人成就的，不是天分，也不是运气，而是严格的自律和高强度的付出。

纵观历史，我们或许会发现这样一个现象：不论古今中外，能够取得很高成就的人，或许不是最聪明最强壮的，但一定是自律的。如果一个人连自己都管理不好，又怎么能管理好一个团队，进而获得成功呢？萧伯纳说，"自我控制是最强者的本能！"自律与坚持之所以能成为可贵的信条，是因为它们如同一个成功者的左膀右臂，缺一不可。自律与坚持是相辅相成的，自律需要持续性，三分钟热血是无法成事的，只有持之以恒地去做正确的事，才能在人生的下半场有所成就！自律是一场清修，是忍耐的叠加，你要戒除的大多是某种对人生不利的快意，这个过程是难熬的，但结果一定是丰硕的！每个人都希望自己能有一个好下场，而幸福人生是有密码的，自律与坚持是其中一个，如果你能破译这些无形的密码，你就能打开一扇成功之门，反之，你身上的枷锁会越来越多！

菊月

挥别糟糕的你，成就崭新的你

> 人生，就是一场自己与自己的较量，自己与自己的比赛，让积极打败消极，让快乐打败忧郁，让勤奋打败懒惰，让坚强打败脆弱。
> 在每一个充满希望的时候，告诉自己：努力，就总能遇见更好的自己！越努力越幸运！

你的一生，自始至终只有一个真正的对手，那就是你自己。用别人作为你的参照，你只能赢得一时的超越与成功；以自己作为对比的坐标，你会变得越来越优秀，并收获持续不断的成功。一个常常在进行着接近自己限度的斗争的人总是会常常失败的。只有那些安于自己限度之内的生活的人才总是"胜利"，这种"胜利者"之所以常胜不败，只是因为他的对手是早已降伏的，或者说，他根本没有投入斗争。真正走向卓越的人，明白自己需要时刻与自己战斗；真正努力靠近伟大的人，懂得克己为强的道理。每个人只要为了自己的热爱与梦想，去奋斗去追求去打拼去坚守，他就不会被岁月打败，真正老去。

选对行业跟对人，抓住机会成一生

比尔·盖茨说："赚不到钱，并不是没钱可赚，而是不在赚钱的圈子内。"

马云说："成不了富人，并不是不能变富，而是没有富人的思维。"

"我们不缺机会，缺的是了解机会的意愿，判断机会的眼光，尝试机会的勇气，坚持机会的恒心以及相信自己的信念。"

给自己一次机会，给自己一次改变，我们的未来，我们自己做主。

你很平凡，出生在一个普通的家庭，念所普通的学校，身边的人也都是普通人。你没什么特别的天赋，念书也只是一般。你也许在一所普通的学校毕业，找一份普通的工作，爱上一个普通人，办一场普通的婚礼，然后再生一两个普通的小孩。不需要费脑子去猜测，你的一生普普通通，没有特色，就像是千篇一律的印刷品。你一生的故事，甚至没有被阅读的价值。

但是，你真的甘心这样子度过一生吗？像一只咸鱼，晒太阳吹风，甚至懒得挣扎一下，不指望翻身？你是要当一辈子的懦夫，还是想当英雄，哪怕只有几分钟？就算最后一定会输，你也不该轻易认输。不要在别人诧异的目光里，迷失了本真的自己；不要在他人舆论的压力下，丢掉了原有的勇气。

脚下的路，要靠自己走出来；心中的梦，要依自己迫切的渴望而追逐。是时候做出改变了，改变自己，改变人生；此刻的改变，是为了更美好的明天。

菊月

爱美之心人皆有，大智之人世少闻

> 女人爱美，男人靠智！
> 女人：大美为心净，中美为修寂，小美为貌体。
> 男人：大智为信仰，中智为克己，小智为财奴。

男人的智慧和女人的美，某种意义上来说，都是一种稀缺资源。

在这个世界上，聪明人永远都是少数。读书可以增长智慧，但很多人读书却只能增长见识，以至于有甚者，读成了书呆子。也有人说，世事洞明皆学问，人情练达即文章。做人做事，也能增长智慧。这句话本身没什么错，可做人做事，其实比读书要难得多。有人空活一辈子，年岁的增长却不能让他们真正地成熟，到老都整不明白做人的那些道理。

美，亦是世界上的稀缺资源。天生的美貌并不多见，后天的改变与维持需要花费大量的时间、精力和金钱，且往往效果好的就那么几年，并不能维持太久。况且，皮囊上的颜色，只是最肤浅的美；更深层次的美，美在气质，美在心灵。

真正的智与美，是无法伪装，也无法掩饰的，它藏在你的举手投足之间，藏在你的坐立行走、言谈举止之中，藏在你对一件事物的判断之中，也藏在你的性格里。

爱美之心人皆有，大智之人世少闻。我们为智慧与美貌着迷，虽不能至，心向往之。

你的决定，决定不一样的人生

> 每天清晨醒来的时候有两个选择：
> 醒来，再睡，做继续未完的美梦；
> 醒来，站起，去实现自己的梦想。
> 有目标的人睡不着，没有目标的人睡不醒。

你把时间花在做梦上，梦就永远是梦，梦境里面的东西，永远不可能成真。你把时间花在实现梦想上，你就会一天天接近梦想，梦想总有一天可以成为现实。一个人的一生，短亦短，长亦长。几十年弹指一挥间，再回首便是匆匆那年，把握住时光最好的方式，就是追求梦想。也许只是享受努力的过程，或者是起飞翱翔蓝天的资本，或者是迈入中年扛起的责任，再或者是年迈时散步庭院的悠闲，这便是成就更好的自己的初衷。勿忘初心，方得始终，别忘了最初的梦想，别辜负了最初的信仰。终有一天，你会成为想象中的那个自己，实现你当初认为遥不可及的梦想，到那时，请你回头对曾经的自己说一句谢谢，谢谢那个没有放弃努力和坚持的自己，然后微笑着拥抱你的梦想和精彩的人生吧！

菊月

阅读让你可以靠近伟大

> 余秋雨说过，"书籍的灵魂与你的生命之间有一根缆绳，通过这根缆绳，你可以靠近伟大。"

阅读的最大理由，是为了摆脱平庸。

人生只有一次，我们只能体验自己的一生，在有限的时间里，触摸无限宽广的世界，如同沙海拾贝，收获总是寥寥。有人想把自己的精神财富传承下去，于是便有了书籍——刻在洞穴的石头上，刻在美索不达米亚的泥版上，刻在尼罗河畔神庙里的墙壁上，刻在贝树叶子上，刻在竹简上……从古至今，书籍的载体一直在变，唯一不变的，便是这种对于思想、对于经验、对于历史的传承。因为书籍，让我们拥有了触碰另一个灵魂的可能，让我们可以穿越时空，了解到久远的过往时光里，发生在这片土地上的古老故事。

更加重要的是，书籍让我们得以和历史上的那些伟大的灵魂对话，在继承中学习、批判、碰撞、推陈出新。我们站在巨人的肩膀上，才能登上更高的山峰，窥探更辽远的世界。人不可以不读书，除非你甘愿俯首尘埃里，一生平庸。

无形决定有形

科学家研究认为："人是唯一能接受暗示的动物。"

积极的暗示，会对人的情绪和生理状态产生良好的影响，激发人的内在潜能，发挥人的超常水平，使人进取，催人奋进。

远离消极的人！否则，他们会在不知不觉中偷走你的梦想，使你渐渐颓废，变得平庸。

我们每个人都有自己的思维模式，然后，你就会给自己自我暗示。譬如你刚接手一份新的工作任务，你心里有一个声音说："你不行，你完成不了这个工作。"于是，你在面对这份工作的时候，心态是消极的、担忧的，会莫名其妙地遇到各种困难，工作自然就完成不好。譬如你的恋情或婚姻，你心里有一个声音说："你不值得被爱，你不配拥有爱。"或者是："他不爱你，他要离开你。"于是，你的防御机制就会被开启，对应分离的模式就会出来，三天两头吵架、恋情分分合合，婚姻过得坎坎坷坷，明明是一副好牌却打得稀烂，最后分手离婚，以为换一个就好了，到头来不过又是一个轮回。再比如你的心里总有一个声音说："他人是不可信的，世上骗子多。"于是，你常常遇到骗你的人。

当你遇到瓶颈时，请用自我暗示鼓励自己！不要想着你遇到的麻烦，你要想的是如何去解决目前的状况，聚焦你的现实，然后正视它，用心理暗示法鼓励自己，一步步去解决掉这个瓶颈。

活出真我风采

在顺境中执着,在逆境中沉着。
对过往不纠结,认真过好当下,充满信心面对未来。
活出最好最真的自己!

无论顺境逆境,其实都是一种考验。想要成就一番事业,不负自己的一生,那么我们必然要不断面临反复的考验。有人说,少年经不得顺境,中年经不得闲境,晚年经不得逆境。逆境常常使人难堪。然而即使在人群中找出一百个能忍受逆境的人,也未必找得到一个能正确对待顺境的人。处顺境必须谨慎,处逆境必须忍耐。顺境的美德是节制,逆境的美德是坚韧。在顺境中执着,在逆境中沉着。处逆境心,须用开拓法;处顺境心,要用收敛法。顺境中不无隐忧和烦恼,逆境中不无慰藉和希望。逆境中不自弃,顺境中不张扬。伟大的心胸,应该表现出这样的气概:用笑脸来迎接悲惨的厄运,用百倍的勇气来应付开始的不幸。顺境为成功者铺设轨道,逆境为杰出者打造天梯。顺境增加人的信心,逆境减少人的信心。处逆境易,因为小心;处顺境难,因为大意。顺境最易见败行,逆境最可见美德。无论顺境逆境,最难不改是初心。往往时过境迁,初心早已不在。真正的强者,无不善于从顺境中找到阴影,从逆境中找到光亮,时时校准自己前进的目标,始终坚守初心使命。

心态决定生态，积极成就未来

积极的人像太阳，照到哪里，哪里亮；
消极的人像月亮，初一十五不一样。
态度决定一切。有什么态度，就有什么样的未来。
性格决定命运。有怎样性格，就有怎么样的人生。

人生不是百米冲刺，重要的不是你一开始跑得多快，而是这一辈子你能坚持多久不掉队。就像马拉松，坚持跑完，你就是自己的人生赢家。积极的人就像太阳，永远活力十足，能够将时间和精力持续投入一件事情中，坚持和努力随着时间的发酵，终究会酿出名为成功的果实。消极的人如同月亮，激情消退之后，只留一地鸡毛蒜皮。很多时候，成功与否是一个坚持与否的问题，归根结底是态度的问题。积极的人生态度造就成功的人生，消极的人生态度导致失败的人生。因为态度会决定你的选择，决定你做事的方式，与人相处的心态，在同一件事情上，导致截然不同的结果。可能只是一件小事，但每一件小事都是如此，相加相乘之后，便能导致人生截然不同的走向。积极向上的心态与正面阳光的性格，会让你受益一生。

菊月

一朝英雄拔剑起，男儿至死是少年

> 越是有故事的人越沉静简单，越是肤浅的人越浮躁不安；人最先成熟的不是身体，而是言谈举止间的气质和智慧，人最先衰老的不是容颜，而是不顾一切的勇气！

邱协耕和妻子吉利是一对离休的老夫妻，两人一辈子最大的爱好就是旅行。1999年他们开启了新的人生之旅，欧洲、非洲、南美洲，都留下了他们携手同行的甜蜜身影。十几年期间，他们几乎走遍世界，只剩下南极还没有去。然而2018年10月，妻子吉利因病离世，成为邱协耕心里永远的遗憾。痛苦过后，邱老当即决定提前进行南极之旅，把所有准备工作压缩到短短三个月时间。2019年大年初一，他带着妻子的遗愿启程。前往南极的邮轮上，邱老是七十多名旅人中年纪最大的一个，也是航运公司经营这条航线十余年来，接待的年纪最大的一位游客。92岁的邱协耕，花了15天，飞行10次，跨越17000公里，于当地时间2月9日登陆南极。南极是邱协耕踏上的第七个大洲，至此，他的足迹已经遍布世界56个国家和地区。

如果你仍然怀有梦想，仍然有为梦想不顾一切的勇气，那么，你就还没有老。老骥伏枥，志在千里，只要有梦想，只要还有勇气去实现梦想，那么，这样的人，永远也不会老。向着梦想冲刺吧！这样的你，至死都是少年。

把小事做好了你就成功了

"每一天对每一件事都极度认真负责！"
——这句话非常简单，却是人生最重要的原理原则。

"天下难事必作于易，天下大事必作于细"，这是老子《道德经》里的一席话，意思是说：天下所有的难事都是由简单的小事发展而来的，天下所有的大事都是从细微的小事做起来的。由此可见，一个人要想成就一番事业，就得从简单的小事做起，从细节入手。细节决定成败。现在的我们往往忽视了它的存在，每一个人都想着挣大钱，做大事。可是我们就因为好高骛远，不能踏踏实实做事，使我们与成功老是失之交臂。我们好多朋友，一旦进入新的单位，老板往往不敢授以大任，可是我们自己就老感觉委屈、抱怨，认为自己是大材小用，不愿意做这些鸡毛蒜皮的小事。我们这样认为，就大错特错了。成功的大厦需要每一件小事每一个细节的砖块堆垒而成，况且，"一屋不扫何以扫天下"，不愿意做小事，又怎么成得了大事；小事都做不好，谁又敢让你做大事？

这就是在职场中修行

工作最重要的目的在于通过工作来磨炼自己的心志，提升自己的人格。

就是说，全身心投入当前自己该做的事情当中，聚精会神，精益求精。

这样做就是在耕耘自己的心田，可以造就自己深沉厚重的人格。

厌恶自己工作的人不多，真的热爱自己工作的人，其实也很少。大部分的人在自己的工作中都是得过且过，当一天和尚撞一天钟，这也就是为什么大部分人一辈子庸庸碌碌无所成就，入职场多年历练却不曾得到很大提高，甚至把自己的职业道路越走越窄，不得不面临中年失业的原因。把工作当成是对自己的磨炼，在工作中提高自己各方面的能力、竞争力，才能变得越来越出色。心态决定人的命运，你用什么样的心态去完成自己的工作，工作就以同样的方式回报你，如果不能逃避你的工作，那么就去接受它，反正都是做，为什么不选择以乐观的态度去完成？而在工作中有一个好的心态，肯定会让你变得更优秀。不断学习，越是优秀的人求知欲就越高，学习可以提升工作技能，可以为你在工作中筑起最坚实的堡垒，让你变得不可替代。年轻的时候吃苦是最幸运的，因为它会锻炼你的能力，磨炼你的心志，在职场上，最怕的就是不肯吃苦，因为人生没有永远的安逸与舒适，敢于不断走出舒适区的人，才能收获真正的安逸。

多算胜，少算不胜，胜负见矣

> 人生的一切都是计划来的，没有计划啥都不会有。
> 俗话说：吃不穷穿不穷，没有计划一生穷。

小时候，村里的长辈总是会劝诫年轻人："细水长流年年有，大手大脚难长久。"丰年想着歉年，有时想着无时，把好日子当穷日子过，不仅体现了一种生活智慧，更是一种难能可贵的优良品德。

从古至今，对待生活就有两种不同的态度：一种是"日计有余，岁计不足"，过日子无明确目标，无周密计划，"脚踩西瓜皮——滑到哪里算哪里"。长此以往，难免寅吃卯粮，拆东墙补西墙，把自己置于尴尬的境地，甚至使生活难以为继。另一种是"日计不足，岁计有余"，平时过日子精打细算，能省一点就省一点，每天算下来没有多少，一年累计起来就很多了。事物的发展变化都有一个量变的积累到质变的飞跃过程。实际上，计划过日子，生活讲勤俭，积累的不只是物质财富，为经济生活留下更多的回旋余地，而且也积累了宝贵的精神财富。古代家教家训内容繁杂，有一条却是共同的，那就是敬天惜物、勤俭持家。一句"一粥一饭，当思来之不易；半丝半缕，恒念物力维艰"，蕴含了多么厚重的生活哲理，影响和教育了多少华夏子孙，至今仍被人们所称道。

菊月

付出总有收获

> 渔夫出海前并不知道鱼在哪里，可是他们还是选择出发，因为他们相信自己会满载而归。
>
> 选择了才有机会，相信了才有可能。

最近，赶海的视频突然火爆起来了。一脸风霜的面容，够不上直播界"颜值是第一生产力"；朴实的言语，也并不让人觉得有趣；阵阵海风充斥的"背景音"，让直播或者视频的声效也显得很差劲；然而正是这样的视频，让无数人沉迷其中，无法自拔。

赶海，是一件收益充满了不确定性的工作。当你早上出门的时候，你完全无法预料，这一天你究竟会有怎样的收获。也许你会抓到一条价比黄金的珍惜鱼类，或者几只体型庞大的螃蟹；也许你只能收获寥寥完全对不起辛苦的付出，甚至提前布好的陷阱，却被人偷走了收获。

这不就是人生吗？当你出生的时候，你完全不知道你这一生会如何度过，你做一件事情的时候，也控制不了这件事情的结果。但日子还是要过的，事情还是要做的。当你选择开始播种，你才有机会收获，你只有相信未来会很好，日子才能越过越红火。人生就像盒子里的巧克力糖，伸手进去，我们永远都不知道会拿到哪块；我们需要做的，就是利用上天赋予我们的一切，努力做好每一件事。

办法总比困难多

> 只要足够坚定有心，对付一百个困难理由，你就有一千个方法应对。

人生这条路上，你不认输，就没人能逼你投降。天无绝人之路，这个世界上，办法总比困难多。就算哪天你觉得自己走进了死胡同，也别放弃，翻过墙，也许就能看到不一样的风景。

在遭遇困境的时候，抱怨从来是一件无益的事情，对解决当前的问题，提供不了丝毫的帮助。而最沉着冷静的人，会把时间花在解决问题上，多看看，多试试，总能找到出路。人都是逼出来的，如果一个人一而再，再而三地经历绝境却不绝望，而是想方设法度过绝境，那么，这样的人必然能拥有一颗坚定的心，永不放弃的坚韧精神，和过人的执行力。对于这样的人来说，成功从来不是遥不可及的。他们坚信，成功和自己隔着若干座山，如果翻过一座山还是山，这只是意味着，成功可能在下一座山峰的背后。他们不会担心，成功会离他们而去。

做一个以智胜己的强者

> 智者的七个涵养：忍——有容方为大，忍者无敌；藏——藏锋藏巧，胜者总是笑到最后；防——强者都是"漏洞"最少的人；稳——稳扎稳打，不走弯路便是捷径；变——变则通，通则久，求变就是赢；牵——暗中牵制胜过明面的强制；退——胜败无常，有时退也是为了更好的进。

有时，智慧是忍让，是"忍一时风平浪静，退一步海阔天空"的宽容与豁达；更是"欲使其灭亡，先使其猖狂"的放纵。

有时，智慧是藏拙，如果你有锋芒，当藏于鞘中。如果你是无名之辈，藏在鞘中的剑会在适合的时候迸发出更大的威力；如果你的实力已经天下皆知，那么藏在鞘中的剑，比拿在手上的，更具威慑力。

有时，智慧是以守待攻，防守是最好的进攻，只要你守得滴水不漏，你就已经立于不败之地。

有时，智慧是四平八稳，这个世界上也许有捷径，但一定更危险。一步一步稳稳当当地走，慢慢来反而会比较快。

有时，智慧是求新求变。做一个开拓者，只要不死，你就能吃到最丰厚的第一波红利。

有时，智慧是神牵鬼制。这是一场没有规则和禁忌的赛跑，超越对手的方式不止一种，牵制对手，也是一种选择。

有时，智慧是以退为进，失败了就认，认输但不认命，退步不是退让，你能接受命运的无常，你还有不放弃的坚持，那么，成功对你来说，就是早晚的事情罢了。

是以君子必慎其所处者焉

　　如果你想像雄鹰一样翱翔天空，那你就要和群鹰一起飞翔，而不要与燕雀为伍；

　　如果你想像野狼一样驰骋大地，那你就要和狼群一起奔跑，而不能与鹿羊同行。

　　正所谓"画眉麻雀不同嗓，金鸡乌鸦不同窝。"

　　这就是潜移默化的力量和耳濡目染的作用。

　　蓬生麻中，不扶而直；白沙在涅，与之俱黑。对于大部分人来说，通常而言，你生活的圈子，接触的人，决定了你一生的上限，除非很努力或者很幸运，否则，你很难突破自己原生家庭所在的阶级。社会学研究表明，同一个圈子的成员，在经过若干年的自然发展之后，总体上是趋向于线性回归的。他们各方面的表现会趋向于平均，好的不会更好，差的不会更差，而是向平均线靠拢。

　　为什么会这样？因为大部分人都是拿自己身边的人作为参照坐标或者奋斗目标，所以，你的圈子决定了你的眼界。"与善人居，如入芝兰之室，久而不闻其香，即与之化矣。与不善人居，如入鲍鱼之肆，久而不闻其臭，亦与之化矣。丹之所藏者赤，漆之所藏者黑，是以君子必慎其所处者焉。"《孔子家语》同样证明了这一点。孟母三迁的故事也告诉了你，一个人所处的环境，对于他有着巨大的影响力。所以，如果你想要成为更优秀的自己，那就和更优秀的人在一起吧！

菊月

你混日子，就是日子混你

> 收获与投入成正比，应付工作是在浪费生命，学会把普通事做得比别人好，你才能出人头地。

收获与投入成正比，应付工作是在浪费生命，要学会把普通事做得比人好。混日子实际上是混自己，老板损失一小点年薪事小，你损失青春年华事大。机会总是留给有准备的人，怨天尤人没用，成功源自你的能力积累。不喜欢公司就坚决、赶快离开，待在公司就一定要全力以赴把工作做好。

仅仅为了一日三餐工作的人是没有出息的人。拿单位薪水，不替人创造价值则是没有道德的人。在你马马虎虎"应付工作"的时候，实际上你年轻的生命正在被你白白地浪费，你人生的价值正在急剧地"缩水"。认真地对待每一件工作，是对自己生命负责的表现。

为什么我可以收获成功？因为我有不服输的性格，再普通的事要做得比别人好，大家做得很普通我要做得跟大家不一样。要做到超出大家想象要花很多时间很多努力，但我最后发现我的收获是最大的，因为我下了功夫，而收获和投入是成正比的。

冲动是魔鬼，一动不如一静

愤怒、发火、情绪解决不了问题，有时会把自己带进黑洞。

不要一受到点伤害就本能地认为都是别人造成的，其实伤害你的是你自己本能的弱点。有情绪的时候，要学会放下！

情绪就是一把双刃剑，不仅伤人伤己，还会影响到你生活的方方面面。无论遇到什么事情，一定要控制住冲动，深呼吸6秒钟后，再选择应对之策，往往会得到更加理智和正确的决策。好情绪是世界的礼物，而坏情绪，即便是一念之间，也是你要买的单。高情商的人，懂得控制自己的情绪，从不为自己的坏情绪买单。

生活中，坏事总能发生，可能这些坏事会让你崩溃，让你大怒。但要知道，在生活和工作中，没人会体谅你的情绪为什么不稳定，更没有人会为你的负面情绪买单。生活是生活，工作是工作。职场上打拼，不仅要有能力，还要学会控制自己的情绪。领导更喜欢情绪稳定的员工，在他们眼里，有能力让自己保持情绪稳定，才能面对压力从容不迫，把问题解决掉，为公司创造价值。

有情绪是本能，能控制情绪，那才是本事。发脾气很简单，谁都会，但遇事冷静思考，能把脾气压下来，先把问题解决，这才是能人所不能。用情绪伤人伤己，是最愚蠢的一种行为。强者控制自己的情绪，弱者让情绪控制自己，情绪越稳定的人，才越容易成功。

菊月

善与君子交，乐于书求道

读好书，交高人，乃人生两大幸事。
一个人身份的高低，是由他周围的朋友决定的。
朋友越多，意味着你的价值越高，对你的事业帮助越大。
朋友是你一生不可或缺的宝贵财富。
因为朋友的相助和激励，你才会战无不胜，一往无前。

    真正的朋友，是一生的财富，他不会在你落魄时冷眼旁观，也不会在你得意时阿谀奉承，更不会在你难过时落井下石。真正的朋友，像家人，会在你忘乎所以时敲响警钟，会在你自以为是时批评教育，更会在你一意孤行时不离不弃。生命的美丽，因为有了朋友的见证，才会愈加芬芳，愈加迷人。

    这一生走着走着，很多东西都淡了，唯有困难时伸出的双手会是一生的铭记。一句鼓励的话语，一个有力的肩膀，便化解了所有的薄凉和忧伤。生命的长河中，每个人都会有很多次的相遇，兜兜转转间，最后留下的才是一生的朋友。我们都是在时光里流浪的旅人，带着最微薄的行李和最懵懂的自己，而朋友便是尘世给予的最美好的礼物，让我们能在漫长的一生中寻获安宁和找到自我。感谢风雨中伸出的援手，感谢四季里长情的陪伴，好朋友是一生的财富。陪伴我们，尽余生。

适应它，改变它，超越它

抱怨是一件最没意义的事情。

如果实在难以忍受周围的环境，那就暗自努力练好本领，然后跳出那个圈子。

抱怨是世界上最无用的东西，对于已经发生的事情，它于事无补。对于你正生活的当下，只是在添加负能量。对于尚未到来的未来，它也不能增添一丝丝的益处。除了让你后悔更多，遗憾更多，再无一点用处。

如果你抱怨曾经的失败，那么不妨吸取教训后从头再来，你可以用下一次的成功，证明你上一次失败并非毫无意义——那是你成功的奠基石。

如果你抱怨身处的环境，那么不妨努力让自己变得更加优秀。你的实力决定了你的层次，你的层次决定了你的圈子，变成更优秀的人，才能进入更优秀的圈子。

如果你抱怨你的朋友和对手，那么不妨想想，自己是否做得足够好？你有没有尽到一个朋友的义务，又或者能不能想想办法化敌为友？

如果你抱怨的是你自己，那么更要从自身开始做出改变。因为只有你变了，你身边的一切才会改变。井底之蛙终究是要靠自己跳出深井，方能看见更广阔的天地。

明天的你，一定会感谢今天的奋斗

很喜欢这句话：你今天受的苦，吃的亏，担的责，扛的罪，忍的痛，到最后都会变成光，照亮你的路！

我们的生活中有苦也有甜，有苦难也有幸福。人这一辈子都会吃苦，只是吃的早晚不同而已，看似前后顺序的不同，却造就了迥然不同的人生。怕吃苦的，以为躲着可以少吃点苦，没想到后来的苦会更苦。不怕吃苦的，拼了命地去闯荡，提前尝到了什么叫苦尽甘来地回报。人生晚吃苦，不如早吃苦。你现在不累，以后就会更累。你要知道，现在吃的苦，其实是以后享的福。总有些苦必须要吃的，今天不苦学，少了精神的滋养，注定了明天的空虚。今天不苦练，少了技能的支撑，注定了明天的贫穷。

苦，是人生的必经过程。人生就是一个"享受"痛苦和磨难的过程，这个过程是值得体会和拥有的。人生经历得越多，越容易发现这个世界的真理——越怕吃苦，越有苦吃。年轻时吃苦，好过老年时再去吃苦，所以做好规划，不怕吃苦，抱有希望和努力，明天总会越来越好。你若年轻，你若现在还在吃苦，不要抱怨，去面对它，去改变它，相信你总有一天会被锻炼得越来越坚强，成为一个沉稳的你，优秀的你，最好的你。

你的未来由你亲手创造

> 不要等待机会,而要创造机会。
> 只有一条路不能选择——那就是放弃的路。
> 只有一条路不能拒绝——那就是成长的路。
> 对自己要狠一点,再狠一点,因为,你要的比别人多,就必须付出得比别人多,永远不要等待!

狄更斯说:"机会不会上门来找,只有人去寻找机会。"

巴塞罗那奥运会开幕前夕,有家电器商店的老板公开向市民宣称:如果西班牙运动员在奥运会上取得超过十枚金牌,则比赛期间所有在其商店的消费均可全额退款。消息传出,轰动全城,人们都跑来这里买电器,商店的销售额直线上升。

不久,西班牙代表队夺金破十,更多人前来抢购电器,并奔走相告,门口排队的人越来多。有人估计退款总额将会超过100万美元,这位老板难免破产。可老板却毫不在意,还淡定地给了大家准确的退款日期。原来,店老板在发布广告之前,先去保险公司买了专项保险。因为连保险公司也认为金牌不可能超过十枚,所以很快就接受了这单生意。所以,如果金牌总数不超过十枚,老板当然不用退钱;反之,退款则由保险公司承担。无论怎样,他都是稳赚不赔的。

聪明的人从来不会坐等机会上门,他们更善于争取机会、驾驭机会。生活中,很多人都习惯性地等着环境改变,等着他人改变,等着机遇降临,但所有美好的未来,都只能是自己主动争取而来。

菊月

宠辱不惊去留无意

> 我们曾渴望命运的波澜，到最后才发现，人生最曼妙的风景，竟是内心的淡定与从容。
>
> 我们曾期盼外界的认可，到最后才知道，世界是自己的，与他人毫无关系。

这个世界有无数面，但身处其中，我们每个人能够看到的，都仅仅只是这个世界有限的部分风景。当你的目光局限在自己身边的时候，你会发现，你所描述的世界，并不能被与你不同的人所理解。归根结底，你能看到怎样的世界，取决于你拥有怎样的内心。如果你的内心世界是平静的，你能看淡这一切外物的悲喜；如果你的内心世界是躁动的，世间一切你追逐不到的变化，都会让你感觉躁动。

所以，想要看到一个不一样的世界，你需要改变自己的内心；想要让外面的世界好起来，首先，是你自己要好起来。我们追寻内心的宁静，便是期望尘麓的喧嚣，不要影响我们太多。你欠缺的从来不是别人的认可，仅仅只是，你对自己的一份赞同。

水滴能穿石，功到自然成

> 大多数的销售都是在第五次电话通话后才达成成交的。
> 然而，大多数销售人员则在第一次电话后就停下来了。

经波商贸是我创立的第一家公司，创业之初，公司的规模不大，很多方面都需要我这个董事长兼总经理亲力亲为。奋斗在销售第一线，也是常有的事。

有一次，我还算顺利地联系到了一家公司采购部门的人。熟络之后，我提出了上门拜访的请求。同行之间传言这家公司的采购比较难操作，不过我还是想试试。恰好这家公司原本采购部门的一把手离职了，新到岗的负责人，或许会有所不同呢？

于是，我上门开始了第一次拜访。客户公司早期属于国有单位，后变成股份制，所以很多方面都保留了老国企的一些风格，沟通不是很顺畅。但是在实地拜访客户看到客户的规模后，我心里对自己说，这就是我的客户。前后在半年时间内，我拜访过这家公司十余次，目的是想让他记住我是做什么的，我们公司的情况。为后续合作形成一个良好的沟通渠道。在整个拜访过程中，也渐渐熟悉客户的采购渠道、付款方式以及新的采购人员的一个采购态度。由于客户有固定的采购渠道，但是新的采购想摈弃掉老的供应商，自己来培养新的供应商进来，形成一个新的供应链，我觉得我是有机会的。

差不多半年以后机会来了，对方有一笔不算核心的采购，希望启用新的供应商。要求上是寄样品过去，但我却直接叫上公司的两名骨干，和我一起驱车把样品送过去。我们不仅亲手把样品奉上，还详细地介绍和解释了我方的优劣，不夸大，不隐瞒。最终，我成功地拿下了这笔单子。后面的发展还是颇为顺利的，我不仅拿下了这家公司多个细分项目的供应合同，甚至在对方集团内，得到了新的客户。

我觉得只有在适当的时间，以适当的方式做出恰当的表现，同时让客户从你的表现中感受到你的敬业精神、服务精神、专业精神，最重要的是坚持不懈，才能让客户从心底里感动。坚持是业绩的推手，只有不断坚持，才能保证业绩的稳步提升。

露月

霜威寒透,
落叶纷纷十月时,
今年霜比去年迟。

真空不碍妙有，妙有体现真空

空和有。

空是物质本质，有是物质现象，现象和本质就像手心和手背，一体两面。

这告诉我们，我们生活在物质里面，你要去打理，但你不要被他所累。

几乎每个人都想要过富足的生活，但生活的真谛就是享受生活。如果为了追求富足的生活，而让自己感觉到痛苦，显然是误入歧途了。

儒家五圣之一，孔子真正的衣钵传人颜回，堪称"安贫乐道的典范"。"一箪食，一瓢饮，在陋巷，人不堪其忧，回也不改其乐。"颜回真正令人敬佩的，并不是他能够忍受这么艰苦的生活境遇，而是他的生活态度。安贫乐道的重心从来不是"安于贫困"，而是"乐于坚守信仰"，是有所作为、穷不改志、心境坦然，是物质生活贫困而内心富有的人生境界。在所有人都以这种生活为苦，哀叹抱怨的时候，颜回却不改变他乐观的态度。

人人都希望过上幸福快乐的生活，而幸福快乐只是一种感觉，与贫富无关，同内心相连。只有真正的贤者，才能不被物质生活所累，才能始终保持心境的那份恬淡和安宁。

对每一件事情负责

> 不要为已经发生了的事抱怨，因为今天的每一步，都是在为你之前的每一次选择埋单，所以你必须要有所担当。

商人带着他的商队前往遥远的大绿洲交易，途中会经过一个名为"苦泉"的小绿洲。苦泉的泉水带有一种金属的苦味，如果喝多了，就会生病。但比起因为缺水而丢掉性命，在苦泉稍稍补充一些水分，还是可以接受的。

但年轻的商人却希望自己的驼队，可以越过苦泉，挨上一两天的饥渴，直接前往绿洲。他得到了一个内幕消息，希望可以抢在一同出发的其他商队之前，提前抵达大绿洲，以更高的价格，出手自己的货物。刚愎自用的他，拒绝了有着几十年沙漠生存经验的向导的建议。

结果，越过苦泉之后，他们遇到了一场沙暴。损失并不算严重，只是沙丘被风移动后，原本的路标便不复存在。换而言之，他们迷路了。

临死的时候，年轻的商人开始后悔，后悔没有听从向导的建议。但后悔显然无用，当你做出了选择，便也需要承受相应的结果。人生的冷暖和甘苦，都要由你自己承受。

脑子永远比脸重要

> 你一定要知道，所有的美丽和帅气，都是瞬间的精彩。
>
> 所有美丽的事物从来都不会为谁停留，你的容颜终有一天会失去光彩。
>
> 千万不要让你的容貌误了你的一生，如果你的头脑空空，那么，你漂亮的容貌和帅气的外表就是你最大的不幸。

尽管很多人都在嚷嚷着"这是一个看脸的世界"，尽管颜值的直接变现渠道前所未有的丰富，但实质上，无论在哪个时代，头脑永远比颜值更重要。以最直接的"颜值经济"从业者，网络主播中的"颜值主播"为例，当你面对着千篇一律的漂亮脸蛋的时候，你会选择进入哪一个直播间？实质上，一位颜值主播想要从残酷的"选美"之中脱颖而出，能够吸引观众、留住观众、让自己的直播间粉丝群不断壮大，比起颜值，反而颜值之外的东西更重要，比如谈吐、幽默感、与其他主播的互动、打游戏、手工、唱歌、跳舞、创意能力……作为一个颜值区主播，颜值反而不是最重要的评价标准。那更高级别的颜值生产力呢？流量明星乍起乍落不说，整个流量产业链也在一个巅峰之后开始走下坡路。对于一个艺人来说，作品才是真真正正的底气，没有人永远年轻，但永远有人正年轻着；想要不被后浪拍在沙滩上，脑子永远比脸重要。

台上一分钟，台下十年功

要让人觉得毫不费力，只能背后极其努力。
纵有疾风来，人生不言弃！

有人在千万人面前侃侃而谈，挥洒自如地演说；别人为这精彩发言而喝彩，但他们看不见，他曾在镜子面前千万次的练习。有人在最高级别的国际大赛上奔跑，跨过世人对于黄种人的歧视和轻蔑的断言，冲过胜利的终点；但别人看不见，他曾在跑道上多少次跌倒、多少次累倒。有人在纽交所敲响上市的钟声，人前显贵、年少有为、财务自由、赞誉无数；但别人看不见，多少个日日夜夜，他曾加班到深夜，乃至通宵达旦，直到看见写字楼外浅灰色的天空和绽破层云的晨曦光芒。

我们只看到了优秀的人散发的光芒，但看不见他们在背后为之付出的努力。没有人能随随便便成功，只不过有人在默默无闻的时候，已经开始燃烧自己，才能在后来，让别人看见他们散发的光芒。不要轻易就说放弃，再坚持一下，或许你就能得到自己的舞台。即使在逆境中也要坚持，人生有逆风总有顺风，熬过去，就能迎接美好的未来。

露月

君子以自强不息

> 永远不要沉溺在安逸里得过且过，能给你遮风挡雨的，同样能让你不见天日。
>
> 只有让自己不断强大，才能真正撑起属于自己的一片天！

近海锻炼不出强悍的水手，只有远行的帆，才能征服未知的世界。你在波澜中搏斗得越久，你在面对风浪的时候就越能昂起头。因为你所经历的所有挫折和磨难，都会让你变得更加强大。直到有一天，你可以不惧风雨，为自己撑起一片天空。

很多成功的企业，在自己的领域中做到了第一名，环顾全球，都没有一个对手。但很多这样的企业还是倒下了，竞争者出现在他们看不见的地方。唯有不断开拓，才能避免一时的强大给你带来的错觉。你要相信，在变强大的路上，是没有尽头的，如果你超越了所有的对手，那么你就是自己的对手。以自己为参照，你可以变得更加优秀。如果你骄傲了，自满了，沉溺在自己已有的辉煌，那么迟早会有后来者将你超越。

这是一个在不断变化的世界，每一个人都在逆水行舟。很多人拼尽全力，才能勉强停留在原地。而如果你有了哪怕一刻的松懈，都有可能被甩在后头。唯有不断向前冲，你才能保持领先不被落后。

方可方不可，方不可方可

> 生命中最伟大的光辉不在于永不坠落，而是在于坠落后总能再度升起。

当你遭遇挫折、面对失败、感觉失落的时候，请你一定要抬头，好好看一眼太阳。这是我们在这个世界，可以用肉眼看见的、最明亮的天体。当太阳照耀万物的时候，遮蔽了一切其他的光芒，让我们看不见哪怕一丝一缕的星光。但即便是这样的太阳，也不是永不落幕的。太阳有升起的时候，也有落下的时候。但太阳在今天落下了，在明天，依旧会升起。

是啊，即便辉煌如太阳，依然有落下的一刻。那么，你面对的困境，又算得了什么呢？如果你不够坚强，那么你的骄傲就不堪一击，不过是精美的瓷器，经不起颠簸。而坚强的人，他们的骄傲是打碎一万次，依然可以重铸的刀剑，历经烈火的考验，依然有自己的锋芒。

人生总有耀眼的时候，也总有至暗的时刻，平常心去面对，尽全力去应对，你要相信，太阳明天依旧会升起，而你的生活也终究要继续。一时的失意不算什么，只要你有信心，就总能走出漫长的夜，迎来黎明的晨光。

相信相信的力量，成就更好的自己

> 你比你想象的要优秀得多，你比你表现的要优秀得多。
> 如果你真是这么想的，你就会是这样子的。

为什么经常接受赞美的孩子，会比经常遭受批评的孩子，要优秀许多？如果一个人是一个气球，那么赞美就是在打气，批评就是在放气，即便是同样的气球，最终的大小却是不同的。气球能被吹多大，这是潜力；气球现在有多大，这是表现出来的能力。潜力不等于能力，但如果可以挖掘自己的潜力，你将获得更大的能力，成为一个更优秀的人。

每个人都有可以被挖掘的潜力，如果你相信自己，相信自己可以做得更好、表现得更优秀，那么你就是在给自己打气；反之，你就是在不断地打击自己。如果你相信自己可以，并给自己打气，能够坚持下去，你就真的能做到，因为你挖掘出了自己的潜力，把潜力兑现为能力。

人的一生是不断学习探索、自我实现的过程，其实就是在不断开发自己潜能的过程。我们要做的，就是尽可能变现自己的潜力，因为优势是可以培养的，优势是发展出来的，不是不变的，我们要用发展的眼光看待自己的优势，相信自己的潜能是无限的。做到了，你就能更优秀。

跨越一切困难，掌握自己人生

人生会有大大小小的困难在前面等着你。
而努力，是唯一能让你心安理得的东西。

在你的一生中，你会面临无数次的挑战。成功是一时的成功，失败也只是一时的失败。你这一刻的成功，只能代表你此前的努力和幸运，但不代表你未来的成就和辉煌。你这一刻的失败，也仅仅只是暂时的失败，意味着你离成功还有一些距离，意味着你还有潜力可以挖掘，还有进步的空间，还有需要改变的错误和习惯，也有值得肯定的闪光和品质。

在你的一生中，得失成败，其实都是暂时的，唯有努力是永久的，如果你的努力可以贯穿始终，那么你人生的每一刻，都是在向着成功奋进。每一刻，距离成功更近一些；每一刻，你都比上一秒的自己更优秀一些。努力了，成功是理所当然的，是命运对你的犒赏；即使失败也没什么大不了，不过是继续努力罢了。确定目标，找准方向，那么路就在脚下，成功就在远方。你差的只是坚持，差的只是时间让你汗水浇灌出的花结出果实。

露月

直面并改变现状比什么都强

> 今天很残酷,明天很残酷,后天还是很残酷。抱怨没有用,一切靠自己!

抱怨是一种逃避现实的方式,但这种懦弱的对抗从来不会有任何用处。当我们离开父母的羽翼,面对世界的真实的时候,我们会看见现实的残酷。但,除了迎难而上,硬着头皮往前闯,我们没有更好的解决方案。

在变幻莫测的生活面前,在无能为力的时候,每个人都曾想过逃避。我们想要逃避现实,逃避责任,逃避挫折,逃避失望,逃避选择。但一时的逃避并不能给我们带来长久的快乐,只能让我们拥有短暂的欢愉,匆匆享受完片刻的安逸后,我们又不得不亲手撕裂美好生活的假象,逼迫自己再一次走上人生的分岔路,面对更加波澜壮阔的惊险,应对许多别具一格的挑战与困惑的选择。我们永远逃脱不掉生活的束缚,我们越是疯狂地想要挣脱,就会发现自己越来越无能为力。我们选择的每一步都决定着往后人生的轨迹。每个人都免不了在深夜痛哭,独自品尝那些硬生生憋回去的眼泪和委屈,也会经历绝望想要放弃,但我们也总能一个人熬过漫长的黑夜,找到重生的力量。于是我们才懂得,没完没了的抱怨并没有用,生活还是一团糟,与其整天抱怨现实残酷,不如咬牙前行,一个努力的自己和一颗强大的内心,才是我们抵抗磨难和伤害最好的武器。

细细品读，你会有不同的感悟

曾国藩赠郭嵩焘的话：好人半自苦中来，莫图便益；世事多因忙里错，且更从容。

这是一个急躁的社会，我们的人生仿佛被摁下了快进键，小时候要读很多的书去应付考试，长大后要挣很多的钱去应付生活，对待婚姻也不再慎重，闪婚之后又是闪离，35 岁就已经在被职场淘汰的边缘……我们被时代的浪潮推挤着，不得不快。人们希望挣快钱，盯着容易出成果更容易变现的科研领域，明星换了一茬又一茬，都来不及记住他们的脸……就好像全世界都很忙，而你也不得不这样跟着忙。殊不知，很多时候，狂飙突进往往容易跑错方向，在适合的时候慢下来，思考一下自己前进的道路和目标，或许会更好。

一辈子的时间就那么多，人生的路也就那么长，所以我们比较的从来不是谁更快抵达终点，而是在这一生行将结束的时候，谁曾拥有更多。

一步一个脚印，踏踏实实地走路，别因为被别人甩下而急躁，你会走得更长，更久远。

露月

让多者少之，让无者多之

> 多躁者必无沉毅之识，多畏者必无卓越之见，多欲者必无慷慨之节，多言者必无质实之心，多勇者必无文学之雅。

做事情不要急。"阅卷老师不会因为你第一个交卷第一个出考场就给你额外的分数"，这句话我至今依然记得。一件事情，做得最快不如做得最好，结果才是评价你功过的重要标准。

遇困境不要怕。人生不如意事十之八九，每个人都会遭遇困境，害怕不会帮你克服它，反而会让你把一道小小的沟壑放大成万丈深渊。既然害怕从来不能改变什么，那么不如勇敢面对。

你要克制欲望。每个人都有欲望，欲望是推进文明演进的重要推动力，本身无可厚非。但对于个体而言，控制欲望还是被欲望控制，有着巨大的区别。能够控制自己的欲望的人，往往都是强者，更容易获得成功。在他们前进的路上，诱惑再多，都遮不住终点的阳光。

你要谨言慎行。你说话多不代表你会说话，语言的力量从不以字数的多寡来衡量，能够震撼人心的话语，通常不会很长。在开口之前多一些思考，你的言语会更有力量。

你要智勇兼备。没有智慧支撑的勇气只是鲁莽，比起向着实力相差悬殊的敌人发起一决生死的冲锋，我们更欣赏能够靠着智慧以弱胜强的人。

腹有诗书气自华

杨绛说过，读书是为了遇见更好的自己。

学习不是狭隘的，不是为文凭学历，升官发财的，更不是酸文假醋，故作清高寡淡的。

而是为了重新塑造我们自己的精神长相，让我们视野更开阔些，能以更好的视角来诠释这个世界。

一个人的眼界决定他的高度，一个人的心胸决定他的宽度。而一个人想要有眼界有格局，少不了两种历练——读万卷书，行万里路。三毛说："读书多了，容颜自然改变，许多时候，自己可能以为许多看过的书籍都成过眼烟云，不复记忆，其实他们仍是潜在气质里、在谈吐上、在胸襟的无涯，当然也可能显露在生活和文字中。"

一个人心灵的成熟，思想的深度，以及品德和修养，都离不开阅读的渗透。读书的过程中，提高道德认识，发现自我的不足，不断完善自身的欠缺。一个人读书越多，人格就越接近完美。爱读书的人，品德不会坏到哪里去。品德好的人，一生的运气也不会差到哪里去。良好的品德和修养，才能构建出和谐的家园，幸福的生活。

在岁月艰难时，读书能给予人力量。读书能锻炼一个人的毅力和耐力。书中充满智慧，是灵性阳光的，读书必是吸取了积极向上的动力。一个人读的书多了，思想逻辑和思维方式，以及谈吐举止都会不同，为人处事也更谦和理性。

凡事都是自己影响而来的

> 遇事从自己身上找问题，一想就通。
> 遇事从别人身上找原因，一想就疯。
> 人生高度不一样，看问题的角度就不一样，结果自然就不一样。

三个年轻人被分到了同一个课题小组，急性子的阿吉，慢性子的阿曼达，还有普通青年安普茹。急性子的阿吉似乎把明天当作 deadline，下了课就往图书馆跑。慢性子的阿曼达选择享受生活，因为时间还早，一切都还来得及。普通青年安普茹看着离去的两位同伴，摇了摇头，决定先做一份计划书和时间表。

一个星期过去，分配给阿吉的任务已经完成，可惜，完成的质量并不算高。而阿曼达不出所料，什么也没做，因为时间还早，一切都还来得及。安普茹完成了属于自己的这部分任务，摇了摇头，暗中猜测，自己可能需要负担更多。

学期末尾，这个课题小组圆满完成了自己的课题报告，阿吉做了最多的事情，但很多都是无用功；阿曼达基本属于躺赢；最大的功臣，无疑就是安普茹。别人问安普茹，是否后悔摊上这么两个不靠谱的组员。

安普茹说，人生中可能会遭遇各种各样的意外，把责任推给意外、推给别人，对解决问题毫无助益。但如果从自己身上找原因，问问自己是不是可以做得更好，那么，你可以完美应对每一次的挑战。

成功者的特质：凡事立即行动

> 莎士比亚说："我们所要做的事，应该一想到就做；因为人的想法是会变化的，有多少舌头，多少手，多少意外，就会有多少犹豫，多少迟延。"

拖延症和懒癌被称之为当代人的两大"绝症"，拖延和懒惰会让我们错失很多机会，让原本可以变得无比绚烂的人生，最后只能惨淡收场。

很多时候，我们会冲动地决定做一件事，如果我们立即就付诸行动，一路"莽"过去，反而会收获一个意料之外的不错的结果。而如果我们稍微一犹豫，就很容易开始思前想后，翻来覆去地计较，最后死在了"开始"这一步。我们拖延，我们在心底告诉自己还没准备好，我们想要等一切完美了再开始，然后就再也没有开始的机会了。毕竟，这世界上哪里来的完美的开始？

拖延其实只是表象，潜藏在拖延症后面的，是恐惧、无力和逃避。我们从小被教育成要听话，要循规蹈矩，要沿着清晰可辨的路线走下去，未知对我们来说，意味着极大的恐惧。我们害怕别人的评价，害怕别人不喜欢，害怕别人的嘲讽……我们对自己的能力充满了不自信，自然而然地想要去逃避。于是，往往还没开始，就选择了放弃。

别再妄想有一个完美的开局，最好的开始，就是现在就开始！别再用完美欺骗自己，抛开一切疑虑和胆怯，现在，马上，立刻就去做。

低调的奢华

> 人活到极致，一定是素与简。
> 活得越素简，越能听见内心的声音。
> 生活越是素简，内心越是绚烂丰盈。

人生精彩与否，不在于"拥有多少物品"，而在于"拥有多少让自己愉悦的时间"。所以，多给自己留点舒适的空间，整理清减身边的物品，保持对物质的有限度满足，你会更幸福。

过一种素简的生活，并不是要求你清心寡欲，而是对自己的欲望有非常明确的界定。欲望太多，幸福就被忽略了取而代之的是永远填不满的空虚。

追求一种素简的生活，其实就是不断认识自己，创造自己的过程。在持续的断舍离中，我们会渐渐接近我们内心真正想要的东西。人来到世间一回，是为了感受生命的过程，生活的美好，不是为了被生活奴役。人间最有味的，就是这清淡的欢愉。生活素朴就迷人，人心简单就幸福。愿你我都能活得通透，活得朴素而简单，你就会获得幸福。

天将降大任于斯人也

> 凡是要在事上磨炼，经历无数次地敲打，无数次地锻炼，才能百炼成钢，人生贵在坚持。
> 人生所有的伟大都是熬出来的！
> 熬得住，出众。熬不住，出局！

人生是一场马拉松，很多时候需要熬。熬，看似很苦累，很窘迫，实际上是在充电，是在进取。

竹子熬了四年时间，仅仅长了三厘米。从第五年开始，以每天三十厘米的速度疯长，仅用六周时间就长到了十五米。熬，是海纳百川，有容乃大。竹子熬不过那三厘米，哪能六周就长十五米。

熬，是生命最好的磨石。在我们身边，有一些人，沉得下心，耐得住寂寞，也不肯轻言放弃。或许他们没有大事业，但在人生路上，已成赢家。熬得久了，心性磨炼得坚韧了，他们就算在百折千磨中，也能成为可以被打倒，却绝不会被击垮的人。熬，是生命赐予的最好礼物。没有经历过"熬"的人，哪能知道"站着说话不腰疼"的道理。熬，是上天赐予你与自己灵魂对话的机会，是"天将降大任于斯人也"的先兆。艰难岁月，熬得住，才有柳暗花明。

仁者无敌，胜人者有力，自胜者强

能战胜敌人的是英雄，能战胜自己的是圣人。
英雄战胜敌人，圣人没有敌人。

苏霍姆林斯基曾说："战胜自己是最不容易的胜利。"我们每天的努力都是在不断地战胜自己，哪怕只有一点点，也是在跟过去的自己告别。比其他人多出几分努力，每天超越自己一点点，终有一天你会发现，原来你已经把别人远远甩在了身后。

生活中总有黯淡无光、咬牙硬撑的时刻，也许奋斗有时会很累，但别忘了还有未实现的梦想。最艰难的成功，不是超越别人，而是战胜自己；最可贵的坚持，不是历经磨难，而是保持初心。放下内心的阴霾，放下无谓的负担，努力向前吧！追光的人，自己也会身披万丈光芒。这一生，我们所要做的，就是尽力做好自己，让每一个今天优于过去的昨天。别人有别人的优秀和光环，我们也有自己的独一无二。尽己所能，发扬自己的长处，弥补自己的短板，就是对自己最好的成全。我们的对手，从来不是别人，而是自己。不怕别人阻挡，只怕自己投降。战胜自己，就是最大的胜利。

能做到就很了不起

> 人的一生，最终你相信什么就能成为什么。
> 因为世界上有最可怕的两个词：一个叫认真，另一个叫执着。
> 认真的人改变自己，执着的人改变命运。

努力了的才叫梦想，不努力的就是空想，你所付出的努力，都会在人生的绘卷上留下浓墨重彩的一笔。认真的人改变自己，执着的人改变命运，不期待突如其来的好运，只希望所有的努力终有回报。

有人抱怨生活不公，却从来不想着自我改变；有人努力了很久，但总是在最关键的时刻止步不前。成长路上，不要总想着何处有捷径，你只管向前跑。记住，梦想不是空口无凭的大话，是需要努力的。

不论做什么事，都要相信你自己，人生没有对错，只有选择后的坚持，不后悔，走下去，总会有所收获。认真的人不在乎花多少时间去追逐他们的梦想，不在乎花多少时间去经历苦难与困境，认真的人只会去做他们该做的事情，不会有抱怨，更不会有羡慕，因为他们心中有目标、理想、动力以及那颗执着的心。

露月

大部分人都知道，少部分人做得到

> 拿得起，放得下，就是完美的人生。
> 拿得起，就要抗得住；放得下，就需看得开。
> 这，既是能力，也是智慧。

成立仅五年的拼多多市值破千亿美元，与此同时，创始人兼大股东黄峥，身家超马云，一度成为中国第二富豪。这位年仅不惑的超级富豪却看得很开，卸任公司董事职务，逐步减持拼多多股份，似是要就此"退隐江湖"。

其实，黄峥的师父，当年也是一样的操作。段永平做大做强了小霸王，后来自创了步步高，投资了网易，中国手机销量二三名，被称为蓝绿厂的OPPO和VIVO，创始人亦是他的创业伙伴、衣钵弟子。但他为了陪伴爱妻，早早退出公司管理。相比于商场上的厮杀，他更乐于陪伴家人、享受生活。

功遂身退，天之道也。助越王勾践以三千越甲灭吴的春秋名臣范蠡，堪称是这一道的践行者。很多时候，拿得起是一种能力，放得下是一种格局。拿得起又放得下，可以称得上是一种难得的智慧了。

专注力是宝贵的东西

> 这个时代缺的不是聪明,而是专注。
>
> 如果你没有专注力,做什么事都只是蜻蜓点水,那再聪明的人也很难做成什么像样的事情。

巴菲特和比尔·盖茨曾同时受邀参加一个电视节目,主持人问:"两位都曾达到过全世界最富有的人的高度。你们认为现在这个时代,对大家而言,最宝贵的东西是什么?"主持人要求两个人将答案写在纸条上,写完之后,两个人同时亮出了答案,上面写着同一个词"focus"——专注。

古今成大事者,无不具备专注的能力。我们都知道专注很重要,但总是在该专注的时候管不住自己,然后懊悔,循环往复。想成大事,没有捷径,专注于某一领域,持续深耕,终生学习,最终才会达到别人难以企及的高度。

如果你注意观察那些很厉害的成功人士,你会发现他们都有一个共同点,那就是极其专注,他们会集中几乎全部精力在自己选定的领域深耕,等别人回过神来想要追赶时,往往发现为时已晚。聪明人容易犯的一个错误是:依仗自己学习能力强,进步速度快,就定下一堆目标。因为他们天资聪颖,可能在每个方面都表现尚可,但是平均用力的结果却是缺少真正制敌的核心竞争力。

其实都无所谓，看你自己怎么活

> 人生晚吃苦不如早吃苦。
> 人生是很累的，你现在不累，以后就会更累。
> 人生是很苦的，你现在不苦，以后就会更苦。
> 万物相生相克，无下则无上，无低则无高，无苦则无甜。
> 唯累过，方得闲；唯苦过，方知甜。

茶馆里，一个老爷子摇着扇子跟人讲古，末了，意味深长地说："人这一辈子，要么前半生吃苦，要么后半生吃苦，总之，总得吃一半的苦。"

我深以为然，想起读书时我的先生曾对我们说的一句话："现在不努力念书，将来就得努力找工作。"

人的一生，似乎有这样一种守恒：一辈子吃的苦、享的福都是有数的。苦了一辈子的人，总能迎来一个苦尽甘来的余生；而在蜜罐里泡大的孩子，迟早会狠狠地跌一跤。

如果你的前半生选择了去拼、去闯，那么，你的后半生，就能在前半生奋斗的基础上，拥有一个不错的物质基础。如果你的前半生选择了安逸，那么，你的后半生往往需要更辛苦一些，去弥补年轻时留下的遗憾。

懒人是无可救药的

> 人生没有重来的机会，不要做一个懒人！
> 身懒毁了你的身材，心懒毁了你的梦想！

懒惰，是一切成功的天敌。在我的生涯中，见过很多令人惋惜的失败。很多时候，这些失败，其实都是"懒惰"造成的。这些勤奋的创业者，恰恰败在思维上的"懒惰"。

什么是思维上的懒惰？

能多想一步的，却没有做好相应的预案，以至于在机会来临的时候，没能将其抓住——这是思维上的懒惰。

明明可以打破常规的，却选择了墨守成规，以至于在红海中拼杀，却失去了在蓝海中自由畅游的机会——这也是思维上的懒惰。

或者，明明有很多的想法和创意，却屈从于权威，而失去了自我发挥的空间，眼睁睁看着独有的创意被别人复刻——这同样是思维上的懒惰。

当然，更常见的是，明明可以做好完善的计划，却选择凭着感觉走一步算一步——这依然是思维上的懒惰。

思维上的懒惰，将毁掉你的成功，乃至于毁掉你这个人。

有梦就有未来，从此人生不一样

心若年轻，则岁月不老。

无论时光如何流转，守住心中的那一季春暖花开；其实，我们想要的幸福一直都在。

玛利亚·乔接到了一封邀请函，"属于你的最伟大的船长卡普"，邀请她奔赴一场环游世界的旅行。这一年，玛利亚79岁，卡普81岁。他们曾经是彼此的初恋，却因为"二战"错过了彼此，各自结婚生子，抚养儿女长大，送走伴侣，最后孑然一身。在人生的最后一程，他们选择任性一场，实现年少时许下的那个不切实际的梦想——坐上一艘帆缆船，来一趟环游世界的旅行。

他们从洛杉矶出发，行程中止于开普敦——卡普突发心脏病去世，玛利亚·乔将其葬在了那里，然后继续未完的行程——船上的GPS一度失灵，她在大西洋的风浪中差点迷航。但在两年又六个月后，她绕过了火地岛，沿着美洲海岸一路向北，回到了洛杉矶。

在玛利亚·乔离开人世的那天，她在壁炉上留下了两封遗书。一封给儿子："追梦人永远不老"，鼓励这位汽车工程师完成成为乐团首席小提琴手的梦想。一封给女儿："爱情喜欢和人捉迷藏，当你找不到幸福的时候，快转身，吓它一跳"，鼓励她放下成见和骄傲，与前夫复合。

梦想，要自己去追；爱情，也是一样。苍老，不在年龄；人生，永远向前。

今日一小步，明日一大步

> 不要为没有发生的事而担忧，因为今天的每一步，都是在为今后的每一点成功布局，这就叫沉淀。

春天来的时候，小草早早伸展了自己的叶子，迎接第一轮的春雨。而橡树的种子仍然沉睡于黑暗的泥土中，只是悄悄探出了若干根须，试探这个陌生的世界。

夏天来的时候，灌木的叶子变成了墨绿色，承接每一缕热情的阳光。而橡树才长出几片叶子，但它的根，已经探索了更广阔的地下世界，找到了养分，找到了水源。

秋天来的时候，田里的麦子结出了许多麦粒，沉甸甸地压弯了腰。而橡树还只是一棵小树，距离它结出果实，还需要很多个寒暑春秋。

冬天来的时候，万物在寒冬中瑟瑟发抖。橡树却挺直了自己腰杆，在厚厚的积雪上，宣告自己依然伫立。

因为橡树知道，它会长成一棵参天大树——只要牢牢扎下根，不浪费每一缕阳光、每一寸土壤、每一滴生命的水。

不要为你的未来担忧——如果你过好了从过去到现在的每一天，那么你该相信，你创造的未来，会比现在更加美好。

努力是为了好的目标

> 结果比公平更重要，结果比全部更重要，结果比经验更重要，集体意识比个人感觉更重要。

请记住，这个世界，只有成功了的人，才有资格说结果不重要，只有拥有巨额财富的人，才有资格说钱不重要。你的人生还没有开始，就反复强调结局不重要，貌似自己胸怀宽广输得起，其实你在现实面前，就是一个弱者，不堪一击。不努力，不作为，掩耳盗铃，自我催眠，到后来你一事无成，然后愤世嫉俗。没有一个好的结果，你再强调过程的艰辛、丰富多彩，没有人会理你。所有的事情，只有做完了，做好了，才能凸显过程的可贵。你要坚信结果的重要性，你所有的努力，都是为了将来一个好的结果，为了自己想要的生活，为了实现自己的梦想。这个过程很难，但至少你应该尝试一下。别退缩，如果不曾尝试，你总有一天会后悔。活着，最大的失败不是跌倒，而是从来不敢奔跑。你的所有努力，都应该是以好的结果为目标。

加强抗打击能力

> 林语堂在《吾国吾民》中说:"一个人彻悟的程度,恰等于他所受痛苦的深度。"

在35岁这个关口,在传统行业还只能被称为"小×"的年纪,在互联网行业,却是一个濒临失业的年纪。"35岁以上的简历直接被人事经理砍掉""35岁失业程序员送外卖"……种种不确定的传闻和明显只是个例的新闻,同样也在加剧人们的焦虑。甚至有中年人被开除之后,直接从公司天台一跃而下。

但事实真的如此吗?在我看来,这不过是他们承受痛苦和逆境的能力不足罢了。这些焦虑的人,在普罗大众看来都算得上是精英,从小成绩不错,考一个名声响亮的大学,走出校门就能拿到薪资不菲的工作,一辈子顺风顺水,没经历过什么挫折,自然也缺乏应对逆境的能力。人这一生,就像是一个闯关游戏。闯过前半部分需要有一定的智商,突破中间关卡靠的是高情商,最终带你走向终点的一定是过人的逆商。若是抗打击能力太差,你只会是芸芸众生中被淘汰掉的那个人。

露月

顺势以借势，造势以成势

> 顺风而呼，因势而动！
>
> 趋势是个好东西，一旦形成就很难改变，在大浪潮大趋势迎面扑来的时候，你唯一要做的就是看清趋势，顺势而为，张开双臂去拥抱它！

"天下大势，浩浩荡荡。顺之者昌，逆之者亡。"中国人大概是对"势"最早有研究的文明了。最厉害的人懂得"造势"；次一等的能看得清"趋势"，提前布局；再次的懂得"借势"，搭顺风车；再就是"顺势"，不要让大势成为自己的阻力；最次是"逆势"，听起来很勇敢，但通常都很悲壮，最终的结果，通常是螳臂当车。

雷军就是一个很擅长看清趋势、顺势而为的人。他看到了4G+智能手机会是一个全新的流量入口。于是，他决定做手机，最初是打算投资魅族，后来是自己做一个国产手机品牌：小米。当时，外国牌子的智能手机很贵，国内的通常在设计、质量、用户体验上有不小的问题。于是，雷军提出了"利润不到5%"，"网上直销"的模式，更通过"限量秒杀"的方式，用饥饿营销，一举打响了小米的品牌和口碑，甚至一度做到市场占有率第一。而在"智能手机+4G"形成的移动互联网大潮之后，他更是提前布局更快网速、更低流量的次时代，"万物互联"，提前打造智能家居体系。小米能够成为最快迈入世界500强的企业，雷军这种对于趋势的把握，功不可没。

三者皆备，不强都难

> 强者三个基本条件：最野蛮的身体、最文明的头脑和不可征服的精神。

作为五四运动学生领袖，游学六年遍历美国普林斯顿大学、哥伦比亚大学等大学，参加过北伐运动，31岁即担任清华校长，两年后执掌中央大学（今南京大学）的学界领袖，罗家伦提出过这样一种看法："强者三个基本条件：最野蛮的身体、最文明的头脑和不可征服的精神。"救国救亡，是那个大时代背景下，每一个爱国者的目标。彼时，"东亚病夫"的耻辱牌还牢牢钉在中国人的脑门上，所以，那时候的国人，热衷于提高身体素质，也热衷于开眼看世界。精武体操总会便是这样一个尝试的产物，而留学更是那个时代的有志青年最向往的经历。

当然，不仅要有强健的体魄、文明的思想，更要有不可征服的精神。中国有着极为罕见的、从古至今未曾经历过文明断层的古老文明。当金字塔、帝王谷和神庙的残骸被视为奇迹，古埃及的文字再也无法被解读的时候；当刻满楔形文字的石板被埋入底格里斯河泛滥后的泥层；当印度半岛被形形色色的征服者的铁蹄一次次践踏的时候……中华民族，却从来没有低下过自己高贵的头颅。这个民族，决不低头！

活出真我

没有奇迹，只有你努力的轨迹。
没有运气，只有你坚持的勇气。
每一分收获，都来自你坚持不懈地努力。
每一分汗水，都是你成功的积累。
只要相信自己，总会遇到惊喜！

每一份坚持都是成功的累积，只要相信自己，总会遇到惊喜。每一种生活都有各自的轨迹，记得肯定自己，不要轻言放弃。

越优秀的人越是努力，越富有的人越勤奋，越智慧的人越谦卑。这一现象的根源在于：优秀的人总能看到比自己更好的人。而平庸的人总能看到比自己更差的人。努力后你会发现自己要比想象的优秀得多。永远记住一句话：向别人学，跟自己比。

越努力越幸运，越担当越成长。只有不断地修炼自己，才能不断地完善自己。不要因为害怕失去就放弃开始，生活向来是"你强它就弱，你弱它就强"。用尽全力去做你想做的事，爱你所爱的人，成为你想成为的自己。什么样的年龄做什么样的事，在还能做梦的年纪，不要轻易选择妥协或放弃。人生漫长，一切都需自己定义，加油！

跟上时代的脚步

> 有些人穷极一生不断重复过去的思维和行动，但又期待有新的结果。他们不接受新的观点，不学习，不愿做自我审查，其实就是拒绝改变。

差不多八九年前，我去兰州准备开拓当地市场的时候，也抽空顺道走过一些山里的村子。当地的向导告诉我，这里的村子，可能是全中国最穷的地方了。而我们去看的时候，往往会发现，这些村子里面，其实并不缺少青壮劳力，相对于周边另一些村子，反而人更齐整一些。

向导告诉我们，其实这边一片的村子，论天然的条件，都差不多。很多地方土地的产出有限，也不是适合牧羊的地方，光靠着地里的产出，要养活一家老小，实在不是一件容易的事情。

但是，近些年，周边的村子，陆陆续续有人出去打工，虽然没什么一技之长，只能在工地上干干力气活，人是累一些，但收入是不低的。更有些人开始送外卖、送快递，收入好的时候，一个月就能顶一家人在地里刨食一年不止。所以，这里有些村庄，渐渐也摘掉了贫困的帽子。

最穷的村庄，就是村子里人员最齐整的那几个。村子里面出去打工的人少，要说懒，也不至于，他们侍弄庄稼也算仔细，在这上面要花的力气，不比在工地上干活轻省。只是这些人，祖祖辈辈都没离开过村子多远，一个月两回的周边几个村子组织的市集已经算很远了。他们甚至没几个人去过这里的县城，更不用说省会兰州，和更远的大城市了。村子里的老人束缚着年轻人，把他们"绑架"在土地上。一年到头来勉强温饱，还要靠着扶贫款来支撑。

几个村庄有区别吗？先天的条件是差不多的，可以说都在一条起跑线上。真正的差别只在于，有的村庄选择了拥抱时代，与时俱进，纵然相对于外面的世界，已经落后了不止一步，但至少在努力追赶。而另一些村庄，却仿佛仍然活在上个世纪，他们对于贫瘠的土地沉默的坚守，并不让人觉得可敬，反而有些可笑，有些可悲。穷人和富人都是人，差别就在于，富人敢于接受改变，拓展自己的眼界，从中寻觅财富的气味；而穷人只愿意在自己已知的世界里面打转，当全世界都在快速变化的时候，拒绝改变的他们，难免就这样被整个时代抛下了。

葭月

寒风猎猎,
江城山寺十一月,
北风吹沙雪纷纷。

成功缘于习惯，失败也是缘于习惯

千万别放弃！

有了第一次放弃，你的人生就会习惯于知难而退。

可是如果你克服过去，你的人生则会习惯于迎风破浪地前进。

看着只是一个简单的选择，其实影响非常大，是截然不同的人生。

稻盛和夫毕业后入职的第一家公司是松风工业，曾是业内翘楚，彼时却已濒临倒闭，员工相继离职，最后竟然只剩稻盛和夫一人。独自一人，他却加倍努力，把锅碗瓢盆搬进实验室，睡在那里，不分昼夜地投入工作，自己一个人做研发。在旁人看来，这种一个人无谓的坚持，多少有点不可思议。但是，他的努力让松风工业奇迹般地续了一波命。

松风积重难返，稻盛和夫不得已另起炉灶，创立了京瓷。在自己的事业之中，稻盛和夫更是拼命，不仅自己夜以继日地工作，同时也告诉员工：京瓷没有资金，没有技术，没有设备，几乎一无所有，又是最后一个加入新型陶瓷行业的企业。为了生存，除了拼命努力之外别无他法。他相信拼命工作的背后一定隐藏着快乐和惊喜，只要足够持续努力，一定会有回报。

稻盛和夫被称为"经营之神"，一手打造了京瓷和KDDI两家500强企业，年近80岁出山拯救日航，做到了扭亏为盈，利润率同业世界第一。或许是天赋，但更离不开勤奋。安逸是一剂致命的毒药，会杀死你的进取心。

你若安好便是晴天

  时光是一条流沙的河,淘洗着旅途的风华与沧桑,蓦然回首,多少往事烟云,多少光阴旧事,经过悲欢沧桑,却不曾在最美的年华,辜负最好的自己。

  别过素雪纷飞,迎来春暖花开,这些途经的绽放与凋零,是开始,是结束,亦是为下一季的盛开,悄悄埋下的伏笔。

  春红谢了,还有夏绿。秋叶落了,还有蜡梅。

  时光很美,时光里的我们亦很美。

  此去经年,余生漫漫,就让我们在安静的时光里,做最美的自己!

  人生,是一条漫长的路。一路上有欢乐和悲伤,有冷暖和风霜,有懂得和迷茫,有无助和彷徨,有收获和失望。人生,又是一条短暂的路。匆忙中来不及思考和回望,却在跌跌撞撞中走过了前半生的时光。人生,就是一路减法的过程。不要以为来日方长,也许一个转身,就天涯海角,关爱亲人就从此刻开始吧!人生从没有最晚的开始,只有等待中留下无法弥补的遗憾!所以,余生要放慢脚步,简单生活;心态平和,淡看得失,日子才会风轻云淡。走过前半生的酸甜苦辣,幸运的是我们依然对生活充满无限的热情和美好的希望。请珍惜有限的时间和宝贵的余生吧!愿我成为更好的自己,活出人生的精彩。

葭月

没有白走的路

> 成熟就是容得下生命的不完美，也经得起世事的颠簸。
>
> 影响一个人的首要因素是境界及思维，和一群有同样格局和思维的人一起前行最重要。
>
> 世上没有白费的努力，也没有碰巧的成功，一切无心插柳，其实都是水到渠成。
>
> 人生没有白走的路，也没有白吃的苦，跨出去的每一步，都是未来的基石与铺垫。

这个世界上，没有白走的路，也没有白受的苦，所有的一切都有它存在的意义。强者都懂得磨炼自己的灵魂，能拿着普通的筹码打出漂亮的翻身仗，把灰暗的过去变成光明的未来。

《人生七年》是一部系列纪录片，导演组找了一群7岁的孩子，每隔7年拍下他们当前的人生状态，最新的第九部《63 up》，于2019年6月4日上映。

英国有一句谚语"Give me a child until he is seven, and I will give you the man." 和中文谚语"三岁看大，七岁看老"没什么分别。很多事情的端倪，在孩子们7岁的时候就已经显露无遗，只是，更大程度上和他们出身的阶级有关。若干年后，富人的孩子还是富人，穷人的孩子还是穷人，他们出身的家庭决定了他们的社会阶层。唯一的例外是Nick，出身农家的他，一步步努力，考上了牛津大学，当了教授，成了科学家。

很多时候，我们的努力也许不会很快就能看到成果，但是，请记得，人生没有白走的路，每一步都算数。

在该奋斗的年纪就应该奋斗

年纪轻轻就选择安逸，是对自己最大的残忍。

人生前期越偷懒，后来就越可能错过让你心动的人和事。

请记住，在能力与理想相匹配之前，一切舒适都是绊脚石。

能用汗水解决的，就别用眼泪。

从今天起，加倍努力！

"我是陈欧，我为自己代言。"在中国的创业明星之中，一手创立了聚美优品的陈欧，一度风头无两。2014年，年仅32岁的陈欧带领聚美优品成功赴美上市，成为纽交所222年来最年轻的上市公司CEO。但这位年轻的敲钟人从没有想过，那几乎已经是自己最高光的时刻了。种种光环加身，自主创业获得百亿身家，一时风光无两的陈欧，就像大多数年少成名的天才们一样，开始膨胀，开始迷失。频频出现在电视广告之中，随后参加多档综艺节目，甚至投拍电视剧。在美妆和电商的主业之外，陈欧走得太远。但当他回头的时候，聚美优品的股价已然缩水94%，市场占有率更是从巅峰时的22.1%，一路跳水跌到不足0.1%。

成功并不意味着就能开始享受人生，如果你还想获得更大的成功，拥有更耀眼的成就，那么，千万别在聚光灯下迷失自己，更不能在年纪轻轻的时候选择了安逸。当你轻视命运的时候，它会毫不犹豫地甩你一巴掌。这个世界不相信泪水，悔恨从来只是缓解自我罪恶感的安慰剂。汗水，才能筑就通往成功的阶梯。

多读书令你气质出众

读书不一定能使你增长财富,但是一定可以丰盈你的内心。书籍就像一把钥匙,开启生活中的所有美好。让你更加聪慧、笃定、淡泊,让你站得更远。读书的人,如一朵花,花香淡雅而悠长;如一棵树,枝叶茂盛而常青!

从书中获得的智慧,雨不能濯其色,风不能掠其香,月不能采其光,任凭谁都无法攫取,那便是你最大的财富。栽种于心,明朗于貌,豁然于情。连寂寞的时光,都褪变成清欢的盛宴。

黄庭坚曾说过:"一日不读书,尘生其中;两日不读书,言语乏味;三日不读书,面目可憎。"许多时候,你以为读过的很多书籍都成了过眼云烟,不复记忆,其实它们仍是潜在的,并且随时都可以用在能用到的地方。它们虽然不能立马帮你解决问题,但能够增长你的见识,让你的谈吐更有节;它们无法让你变得更漂亮,但能够给你增加一抹书卷气,令你的气质更出众。

曾国藩曾说:"人之气质,由于天生,很难改变,唯读书则可以变其气质。古之精于相法者,并言读书可以变换骨相。"读书可以变化人的气质,甚至改变一个人的骨相。

珍惜今天

> 决定今天的不是今天，而是昨天对人生的态度。
> 决定明天的不是明天，而是今天对事业的作为。
> 我们的今天由过去决定，我们的明天由今天决定！

人的一生只有三天，昨天、今天和明天。忘怀昨天的人，不会珍惜今天；虚度今天的人，也不会重视明天。

思索昨天，总结昨天，会使你变得深沉；珍惜今天，你会感到充实；把握明天，创造明天，会使你心胸变得更开阔，目光变得更长远。如果仅仅停留在为昨天的碌碌无为而叹息，那么明天又会为今天的一事无成而悲伤。同样，如果只是躺在对明天的幻想中过日子，那么明天带给你的只能是又一次失望。昨天也许你有许许多多未完成的梦想，昨天也许你有许许多多的遗憾。那么，今天将是你实现梦想，捡起遗憾，完成昨天未完成的最好时机，所以我们就得把握好今天。今天，正在悄悄地向我们走来，就在眼前，拥有今天，就拥有希望。今天，等待着你去完成。今天的你可以为着自己的理想去努力，可以为着自己的昨天而努力，可以为着自己的遗憾去努力。

今天重在珍惜，重在创造，重在开拓。它不允许有"明日何其多"的借口。生活，因今天而丰富多彩。人生，因今天而问心无愧。珍惜今天，珍惜拥有，你便是世界上最富有的人。

葭月

感恩生命里遇见的每一种人

> 永远不要去责怪，你生命里的任何人。
> 好的人给你快乐，不好的人给你经历。
> 最差的人给你教训，最好的人给你回忆。

有位农夫，种庄稼是一把好手，多年来选种育种，让自家的水稻要高产许多，在农产品推介会上拿了金奖。但他并没有敝帚自珍，而是慷慨地把种子分给了自己的邻居们。别人不解，如此一来，你的辛苦岂不是白费了，周围人轻轻松松就得到了你多年努力的成果？农夫笑而不语，第二年，他的稻种依然获得了金奖，并再一次把获奖的种子分给了他的邻居。年年金奖，年年如此，于是，连记者都前去采访他。农夫这一次终于开口："对别人好，其实是为自己好。风吹着花粉四处飞散，如果邻家播种的是次等的种子，在传粉的过程中，自然会影响我的水稻。"

如果你希望交到真心的朋友，你就必须先对朋友真心，然后你会发现朋友也开始对你真心；如果你希望快乐，那就去带给别人快乐，不久你就会发现自己愈来愈快乐。我们所能为自己做的最好的事情，就是去为他人多做点好事。

一切朝前看

> 时间不肯回头，只因希望总在前方。
> 时间被分成三份，有既往的昨天，迫切的当下，神秘的未来。
> 昨天带我们来到今天，今天领我们奔向明天。
> 你可以走昨天的路，却永远踩不到昨天的脚印。

时间不会倒着走，你也不能再回头，让过去的事成为回忆，有过的伤渐渐抚平，美好的、悲伤的、开心的、难过的，统统留在了过去的时空。失去的不会再有，错过的成为遗憾。你流过的泪、有过的痛，随着时间的推移，慢慢地变淡，过去的回不去了，曾经不会有了。时间只会向前不会退后，所以你只能前进不能回头。不管前方的路是坎坷还是泥泞，不管头顶的天是蔚蓝还是阴霾，我们都要一步一个脚印，踏踏实实地走。过去的失败代替不了现在，过去的一切取代不了未来。你不会因为过去的挫折放弃今天的梦想，也不要因为过去的懦弱否定了以后的坚强，更不要让自己在往事中纠结，把目光放远一点，去发现更多的美好和精彩。

葭月

只有时间是最公平的

> 做时间的主人,还是奴隶:时间是世界上最充分的资源,每个人都拥有24小时的一天,然而时间又是世界上最稀缺的资源,每个人只能拥有24小时的一天。
>
> 成功者,失败者,每天都有24个小时。
> 当总统,做平民,每天都有24个小时。
> 大富翁,小乞丐,每天都有24个小时。

每个人的一天都只有24小时,但最后,我们却活成了不同的样子。每个人的一天都是24小时,每个人手上都有许多需要平衡和兼顾的事情,但有些人可以兼顾得很好,有些人却手忙脚乱。时间对每个人都是公平的,关键在于你如何利用它。如果你把时间花在了追剧、看电影、聊八卦、打游戏甚至是发呆上,那么你自然没有时间用来充电学习提高自己。不努力总是很轻松的,但这样的轻松只是一时的,总有一天你会发现自己在应付生活的时候越来越难,但总有人可以游刃有余,因为他们把功夫做在之前,因为他们让自己的高度,高于生活的难度。对于那些意志不坚定的人,"没有时间"真的只是个冠冕堂皇的好借口。而对于真正想做的事,我们总会有时间的。一个人是否每天都有明确的目标,是否每天有合理的时间安排,而不是乱七八糟、混乱不堪的生活,这对于他离成功的远近无疑有着重要的影响。

这就是蜕变的过程

> 如果有一天你变了，是因为有些关口你不闯不行，于是乎拼尽全力闯过去了，便发觉自己从此变了……

很多时候，你以为自己已经用尽了所有的力气，疲惫到想要放弃；但如果你再逼自己一把，你会发现，也许你还能激发出更多的潜力。而若干年后，你再回头去看你曾经面对过的那些困难，你会发现，曾经你要拼尽全力去战胜的，如今只是抬抬腿就能越过的小小障碍。因为啊，当你战胜了一个困难，你便获得了成长。彩虹啊，从来不是暴风雨后的奖赏；风暴后真正的奖励，是越过了风暴洗练的、更强大的自己。

所以啊，在面对困难的时候，可千万不要放弃啊！在攀登那座山峰的路上，你也许需要面对无数的坎坷，面对无数的困境，但请记得，你也在这个过程中渐渐强大起来。曾经不可逾越的高山大海，迟早会被你征服。

葭月

俯仰人生，顺逆由心

> 逆境时抬头是一种勇气和信心。
> 顺境时低头是一种冷静和低调。
> 位卑时抬头是一种骨气，
> 位高时低头是一种谦卑。

我的父亲曾教导我，站在低处的时候，人要抬头看看远方；站在高处的时候，人要低头看看脚下。

位卑之时，人们往往容易局限于眼前的一亩三分地，为衣食住行而奔忙。倘若不常常抬头看看远方，人就容易颓丧，要么失去了进取的意气，要么容易就此困顿，从此鼠目寸光。心底要常怀理想，保持对未来的憧憬，你的人生才有希望。

位高权重时，人们更容易看得到远方，计划着未来，却容易忽略当下的正在发生的事。就比如做公司，你胸腹中藏着完善的计划，着眼于三年、五年、十年的市场形势变化和未来发展途径，但也得看到公司内部员工的需求，听听他们的意见和建议。人不能做到事无巨细滴水不漏，但众人拾柴汇聚各方思虑，却能凭借团队的力量，达成所有目标。

逆境中不屈，顺境时不傲。面对胜过你的人，不要觉得自己低人一等，也不要自卑，要有抬头的骨气。面对不如你的人，不要觉得自己高人一等，要懂得谦怀。

岁月中，所有的行走都在心上

> 静静选择，选择该选择的，遗忘该遗忘的，是让生命若水，静静地看那流淌的一泓清澈。无论走过多少坎坷，有懂得的日子，便会有花、有蝶、有阳光。

有人说，每个人都是一条河流，你的每个抉择，都会决定你人生的走向。你会流过高岗，流过低谷，流过草原，流过沙漠，流过春天，流过秋天，时而浑浊，时而清澈，有过激流迸溅，有过波澜不兴。但你要记得，这些都不是你的本色。守住本心，这辈子才不会失掉自己的本色。

有些事，记得不如忘了好。你记住了仇恨，一辈子纠结愤恨；你记住了仇怨，一辈子凄风苦雨；你记住了那些求而不得的，就难免忽略了已经拥有的；你记住了曾经的辉煌，就再难更创辉煌。忘掉一些，你才能轻装上阵，前往新的远方，看到新的风景，成为新的自己。

当自己人生的主角

> 弱者把自己当作人生的配角，总认为自己微乎其微，终生都活在别人的阴影中；强者把自己当作人生的主角，感觉自己神圣的存在，每一次存在都努力去演出。

高中的时候，班级里有一个几乎与时代格格不入的姑娘，活得潇洒、大气、张扬，几乎是所有人的偶像。如果说这三年是一场有关青春的电影，那么，她一定是当之无愧的绝对主角。然而，她说过这样一句话："每个人都是自己这一生的主角，如果在自己的片场都畏畏缩缩只能当配角，这辈子未免活得太无趣了些。"

2003年的时候，她已经是外资投行圈子里颇有名气的"女财神"。2008年奥运前夕，她在她的美国老板的大班台上轻轻放下一份辞职报告，潇洒地去了加拿大留学，学音乐、学油画、学服装设计，47岁的时候开了自己的小型时装发布会，做自己的模特压轴出场，气场盖全场，掌声热烈。

只有你把自己当成自己人生的主角，你才会尽全力去演绎出生命最灿烂的花火。

握住自己的命运

愚者把自己当作人生的观众，在别人的故事里旅行，成为生命的匆匆过客。

智者把自己当成人生的编导，人生态势由自己操控，故事情节由自己安排，演绎出精彩的篇章。

人生是一出戏，一出自编自导自演的戏。所以我时常好奇，为什么有人演着演着就开始讨厌自己、讨厌别人，甚至讨厌整个世界？这明明是你自己一手主导的戏啊？干嘛要怪罪命运，觉得一切都是宿命？当你入戏太深的时候，或许应该警醒过来，你才是这出戏的主导者，而不是一个被别人安排的提线木偶。你可以，也有权利随时停下，更改剧本，重新开始。

你是你自己人生的导演，你的人生是精彩绝伦还是乏味枯燥，是一出喜剧或是一出悲剧，是大团圆结局还是凄风苦雨的悲剧结局，其实都是由你自己决定。

掌心向上，抬起手看看，事业线、爱情线、生命线，都在你的掌心。握紧拳头，你就握住了命运。

葭月

每个人都能创造属于自己的奇迹

> 每个人的心里都住着一个了不起的人，只要你不颓废，不消极，方向明确，目标清晰，默默努力，坚持善良，只要在路上，就没有到达不了的远方。

有些时候，你会怀念从前的日子，没有那么大的压力，没有那么多的应酬，不必考虑太多，不需要一直计较，就连小小的烦恼也没什么大不了，现在想起来都有些可笑和可爱。但是，如果让你过回那样的日子，你大概又不太愿意。毕竟，你已经背负起了太多，背上了，就再也放不下了。成长啊，这就是成长，这就是人生必经的事情。

酒喝到七分，却又感觉怅然若失。躲进包厢的洗手间，抬头看看，镜子里面的自己，不知不觉有了白发，满脸倦容中，又爬了几条细微的皱纹。你开始苍老，仿佛看到了自己老去后的样子。你叹息，这一辈子，大概也就这样了吧。

曾经满脸纯真善良的少年，在被生活狠揍了好几拳以后，终于也戴上了假面。你不禁开始思考，难道我们是为了这样，才来到这个世界上的吗？

你的人生其实不该这样，你可以成为你想成为的人，只要不放弃，什么时候出发，都不晚。

任何事，做才是关键

> 不管是企业还是个人，如果没有执行力，那么，一切设想、构想、理想、梦想，统统都只是幻想、空想！

周大福一度做到了香港金铺银楼这一行的顶点，其掌舵人郑裕彤，也被称为香港"珠宝大王"。

周大福的创始人名叫周至元，和郑裕彤的父亲有旧，郑裕彤要称他一句"世伯"。郑裕彤小学毕业后就去了周大福金铺当学徒，为人机灵，每天总是早早就到，把店面打扫干净。因为做了自己本分以外的事情，让旁人免于这项"卑贱"的工作，郑裕彤渐渐在金铺混得不错，店东对他也颇为赏识。

南洋侨客来香港，需要换汇，当时没多少店面提供小额换汇服务，郑裕彤却敏锐地发觉了其中的需求和商机，换汇后来就成了金铺早年相当重要的一项业务。

和只是做好本职工作的其他店员不同，郑裕彤很在意如何把铺子经营得更加兴旺。他常常会去那些生意盈门的同行处看看，学习人家的长处。

实际上，郑裕彤的很多行事，对别人来说，也并非想不到或者做不到。区别只在于，有人想到了，想过也就算过了；有人想到了，却会去付诸行动。后者的成就往往会远超前者，差别就在这"执行力"三个字上。

没有执行力就没有生命力

> 无数的人拥有卓越的智慧,只有那些懂得执行的人才能获得成功;无数的企业拥有伟大的构想,只有那些懂得执行的企业获得成功。

一家企业的成功,5% 在战略,95% 在执行。第一时间行动起来,解决问题,把战略不折不扣地执行下去,才是企业的生存之道。罗辑思维创始人罗振宇,曾分享过他们团队的工作心法:"做一件事,它到底靠不靠谱,你坐在家里想是没用的。我们的风格就是,不管三七二十一,主意出来大体觉得靠谱,先干起来。"想完成一个任务,做好一件事情,即使复杂或艰巨,最好的办法,还是先走出第一步,干起来再说。一件看起来非常难,甚至不可能完成的事情,其实只要迈出第一步,你想要的信心、灵感、解决方案很可能就会随之而来。

"没有执行力就没有生存力",是现今在管理界广为流传的一句话,其实不管是对企业还是个人而言,执行力都起着不可估量的作用。这个世界上的大部分传奇,不过是普普通通的人们将心意化作了行动而已。行动起来,那么一切皆有可能,否则,一切都是零。这个世界不缺少有才华的人,真正缺少的是脚踏实地认真做事的人,而不达目的决不罢休的人更是少之又少。顶级的执行力,是明知不可为而为之,是遇到越困难的事情,越要挑战到底的勇气。

能换位思考，则无事不成

> 站在上司的立场想问题，站在自己的立场做事情。
> 没有不合理的职场，只有不合理的心态。

很多时候，领导给在安排工作时，由于自身工作繁忙，或者出于工作习惯，不会向你解释原因。当然，领导也没有必要向你解释原因。如果员工对这项工作产生疑问，最好能站在领导的角度去想想领导为什么这么做，假设自己如果是领导的话，该会如何来处理这件事情。将自己的思想换位在领导的立场，有利于培养自己全局思考的能力，对于自身的成长非常有利。

常性的换位思考，站在自己领导的角度想想，又站在自己下属的角度看看。想想如果我是领导/下属，我怎么做才能让大家都满意。这样在自己的工作当中，就会充分考虑到各方面的感受，会知道作为领导和下属的不易。

每个岗位都有自己的优缺点，学会在工作中照顾对方。这样的工作态度是每一个同事都会喜欢的。经常这样的考虑问题，领导喜欢，同事热爱，在职场生活当中游刃有余，一帆风顺。换位思考在职场生涯中是非常重要的，不论是领导还是员工、上司还是下属，都要学会换位思考，这对于自身工作能力的提高、职场晋升以及企业内部形成良好的工作环境，都非常有用的。

葭月

智者快速决策慢慢改变，愚者反之

> 最优秀的决策者并不是那些掌握最丰富信息资源的人，也不是那些殚精竭虑、终日冥思苦想的人，而是在转瞬之间便做出决策的人。

从共享单车刮起的"共享经济"潮流，再到如今回归实业，一个个创业风口，最终的赢家往往都在最早的一批创业者之中产生。有财经记者对此感到好奇，于是有了一系列采访。最终得出的结论是，传统的创业模式是：预备、瞄准、开枪；而如今的创业模式是：预备、开枪、瞄准。等你磨磨蹭蹭做完市调、收集数据、策略分析、组建团队、公司挂牌、产品研发、市场推广、产品铺货，人家早就已经拿到了 C 轮融资准备 IPO 上市了。思考、准备，从不是一件坏事。过度的思考，常常很顺理成章地成为行动的绊脚石。虽然未来仍是一片未知，即便走错路也是满满的收获，永远不要停留在设想。三思而后行，不是让你想太多做太少。这世上有些事，是你以现在的视野所看不清楚的，必须先走两步，而且得快。因为往往等你深思熟虑后，决定要干的时候，你会发现，很多刚开始存在的对你有利的东西不见了。那你就会想这件事还有没有必要去干，而大多数情况是时过境迁，没有行动的必要了。

我生待明日，万事成蹉跎

等将来，等不忙，等下次，等有时间，等有条件，等有钱了……等来等去，等没了缘分，等没了青春，等没了健康，等没了机会，等没了选择，等没了美丽。谁也无法预知未来，很多事情可能会一等就等成了永远。想要做的事就赶紧去做，不要给自己等来太多的遗憾。人生，不能再等。生命若不是现在，那是何时？

今天太宝贵，不应该为酸苦的忧虑和辛涩的悔恨所销蚀。把下巴抬高，使思想焕发出光彩，像春阳下跳跃的山泉。抓住今天，它不再回来。此生不长，有些精彩只能经历一次，有些景色只能路过一回。

不要等，有时等着等着，就让等待成为一种习性，就会在等待中蹉跎岁月；不要怕，能说的立即说，能做的马上做；不要悔，路是自己选择的，走过的，错过的，都是自己的情愿；不要瞻前顾后、畏首畏尾，你今天不做的，或许就是永久的心结。不要等待，等待只会让我们的年华消逝，到头来只怕是虚幻的一场空、一场梦。不要等待，因为，你不知道等待需要花费多少的时间。时间也许并不会永远给你明天，所以不要把生命活成一场无尽的等待。愿你过好今天，给自己挤出些时间，去做重要的事，见重要的人，让此生无憾！

葭月

人生最难得，活得心安理得

> 不是自己的，绝不强求，是自己的，好好享受。
> 知足常乐，无疑是一剂心灵的良药，帮助我们在纷繁芜杂的生活中形成一个良好的心态。

孩子的笑容是最多的，要问孩子们为什么笑，或许是，因为孩子们小小的心脏，还没有装着那么多大大的欲望。他们想要的很容易满足，也更容易知足吧。

傍晚的时候散步看见有对父母带着一个四五岁的孩子，一家三口在吹吹晚风。孩子忽然说，自己想要星星。大人便不知如何是好。小姑娘却也不着急，只是伸出手一抓一抓地似是想要抓住星星。随着她小小手掌的张合，星星在她眼里出现又消失。她反而笑得很开心，似乎忘了刚刚想要星星的愿望。

抬头累了，孩子低下头，惊喜地发现了地上的"星星"，也就是萤火虫。她的父亲想要帮她抓住这只孤单的萤火虫，打折地满足孩子的愿望。孩子却竖起手指"嘘"了父母，让他们安静。然后小心翼翼走过去，凑到近前蹲下。孩子的拥有是简单而纯粹的，他们想要拥有星光，却未必要摘下星星；他们想要闻到花香，也不要折断花枝。做人简单一点，欲望减少一些，你若知足，生活便更满足。

好心态很重要

西方有一句谚语，叫"不烦恼，不生气，不用血压计"。所以说，做人要糊涂一点，潇洒一点，心胸宽一点。

拥有一个好心态，生活张弛有度，才会更舒心。

嘉靖年间，姑苏城里有两家挨着的酒楼。一家有个胖老板，另一家有个瘦老板。两人是堂兄弟，从爷爷这里继承了一样的菜谱，开了一样的店面。但往后几年，胖老板的店越做越好，瘦老板的店却是门庭冷落车马稀，最终难以为继，不得不关张。差别在哪里？比起事事躬亲的瘦老板，游手好闲并不多管事儿的胖老板，为啥反而赢了？

原来，当时的伙计，工钱其实都不高，在酒楼的福利之一，便是可以把客人留下的残羹冷炙带回家。瘦老板与伙计同吃同住，知道这猫腻后，寻思着厨余卖给穷人又是一笔小财。胖老板不管这些，伙计也就稍稍滋润一点。瘦老板的伙计难免有怨言，在瘦老板的眼前自然卖力，人后却能偷懒就偷懒。对客人也不用心，自然客人也就少了。

不止于此，瘦老板想着多盈利，每盘菜的分量都渐渐少了，用的食材也选择差一档的，客人觉得不对味，自然也另寻别家。相反，胖老板却抱着交朋友的心态来的，客人吃得开心，伙计干活舒心，他自己挣钱的事，反而也没落下。

很多时候，好心态，真的非常重要。

葭月

放下包袱轻装上阵才能走得更远

> 少顾虑，会放下。人生就像走路，背负的东西越多，走起来就越累，只有学会放下，才能轻松前行。

家乡一位我很看好的后辈，国内 Top2 毕业，国外顶尖商学院海归，大学期间就开始和人合伙创业，不到 30 岁的时候，名下就有了几家公司，事业顺利，身家上亿。父母在堂，娇妻在侧，稚子在怀，评一句"人生赢家"，绝不过分。

但过年相遇，他却眉头郁结，并没有年少有为的春风得意之感。聊了几句，才知道他长期抑郁，如今已经需要药物控制。再深谈，我了解到，他是个肯担责任的，心思也重。小时为了给父母争光，学习刻苦，一度熬坏了身子。大学创业，合伙人不靠谱，于是这新生的公司，基本都是他在负责。海外留学做了当地留学生同乡会的会长，几乎有求必应，口碑虽好，乱七八糟的事情却也处理了一堆。学成归国，开创事业，又不曾遇到靠谱的大将，大部分的事情，还是由他亲力亲为。简而言之，他把太多事情扛在了自己肩上。

我建议他，趁着过年试着放下一切，一个人出门旅行。不几日，开始看到他做背包客，游历东南亚诸国的照片。约莫个把月的行程，他人瘦了、黑了，却精神了，关键是有笑容了。

其实，很多时候，我们把很多明明可以放下的，塞进了自己的行囊。试着放下，你会走得更轻松也更远。

凡事看开就是一剂良药

"药疗不如食疗，食疗不如心疗"。再好的药不如合理膳食，再好的膳食也不如拥有好心态。如何保持良好的心态，就看这副"心疗"处方！

心态好自然身心健康，人要真正快乐，好心态是身体健康的根本，是生活快乐的保障，好心态一定要保持下去，树立好心态，做到闲庭信步，静看花开，细心品味生活的美好。

乐观向上的生活态度，是复杂生活的一剂良药，可以安抚你浮躁的心灵，抹平你紧锁的眉头，心态好的人，懂得给自己减压，不会把自己拧得太紧，即使遭受到了生活的挫折与困难，笑一笑忍一忍就过去了，不会一直放在心上，不会囿于自己的身份或者年龄，不会太在乎世俗的眼光，穿自己喜欢的衣服，做自己爱做的事，永远激情洋溢，笑一笑没有什么大不了。对心态好的人来说，生活中哪有什么过不去的坎，所以即使生活再苦再难，也始终保持灿烂的笑容，快乐也是一天，不快乐也是一天，所以何不开开心心地度过每一天？

葭月

有容人之雅量，即待己之良方

人在社会交往中，吃亏、被误解、受委屈的事总不可避免。面对这些，最明智的选择是学会宽容。一个不会宽容，只知苛求别人的人，很容易进入不健康的恶性循环，而学会宽容就等于给自己的心理安上了调节阀。

心情是一种持续的情绪，它有可能持续几小时、几天甚至几个星期。人的情绪包括愉悦、兴奋、宁静、烦恼、恐惧、焦虑等等，但是最好的养生情绪是好心情，好心情才是人生的最佳伴侣。一个具有宽容美德的人，他的爱心多于怨恨，他乐观、豁达、忍让，不悲伤、不焦躁、不恼怒，他对自己的伴侣、亲朋、同事的不足之处以爱心劝慰，不会产生隔阂与怨恨，甚至还能化干戈为玉帛。宽容的人，不会出现神经中枢、内分泌系统功能失调，还能促进人体分泌更多有益的激素、酶类，调节血液流量，进而增强人体的抗病能力。

懂得在小事上让步

> 做到小事糊涂，大事清楚。
> 整天计较一些鸡毛蒜皮的事，心会很累。
> 遇事不妨潇洒、大度一点，保持愉悦的心情和内心满足感。

《菜根谭》说："处世让一步为高，退步即进步的张本；待人宽一分是福，利人实利己的根基。"让一步，是为了让事情不因争论不休而停滞不前，是为了推动事情的进一步解决。让一步，是给人方便，也是给己方便，是福泽。让，并不代表弱，也不意味着步步隐忍。在涉及原则和底线问题的大事上，自然要有所坚守。而对于生活中的众多鸡毛蒜皮的琐事，让步一下，糊涂一点，又有何不可？

俗话说得好，"与人留一线，日后好相见。"为人处世，就像处于一个圆中，让一步，看似是退，其实也是进的另一种姿态。懂得在小事上让步的人，往往自带温良、大气、宽厚的气场，让人有如沐春风之感。这样的人，人缘自然不会差到哪去，运气和福气也便常绕其左右。

葭月

会自制的人总是能活得轻松自在

一辈子很长，要学会自我调整，也要学会释放压力，
要学会拿得起放得下，也要学会在不容易的日子里找乐子。

压力在生活中是无处不在的。最低层次的物质需求得以满足，人才有了生命基础。如果物质需要得不到满足，人就有了生存压力。

除生命层面的生理需要外，人还有安全需要、爱和归属感的需要、尊重和自我实现的需要，这些需要没有得到满足的时候，人就会产生精神层面的压力。因此，要学会拥抱压力，至少要接纳压力，而不是逃避压力。善待生活中的各种压力，学会控制自己的怒火。恐惧是人类的大敌，放松自己，远离精神疲劳，向不良情绪说再见。忌妒是成功的绊脚石，抛开沮丧的心情，消除你的神经过敏症。记得给自己减负，自控才会有好性情。

善待有缘人，看淡无缘心

遇人无数，阅人万千，谁是你心中至爱，谁是你眼中过客，想必你已经看得很透彻，有些人适合做朋友，用一生去善待，有的人适合做知己，用真情去回馈。生命中，并不是所有人，都能走进你心里，并不是所有人都理解你，有些人注定擦肩，有些人注定无缘，别纠结，别抱怨，真心相处的，就真心真义，虚情假意的，就恕不奉陪。

雀巢咖啡有一个一分三十秒的广告叫《我们一生会遇见多少人》，告诉我们，在这一生之中，我们会遇到大概八万人。

广告开始的时候，一个八万人的场馆里，里面站满了与男主角有过交集的人。男主角站在舞台中央，说了第一句话："如果你不记得我的名字，请坐下。"

大部分人坐了下来。

男主角又说："如果你不知道我在学校的绰号是'公主'也请坐下。"

于是，一大批不知道他绰号的人又坐了下来。

男主角继续说："如果你不知道跟我有缘无分的人是谁，坐下。"

"如果你没见过我哭……"

"如果我们已经失去了联系，请坐下吧。"

人一批批坐下，最终还站着的，寥寥无几。

在我们遇见的所有人之中，只有少数对我们来说是特别的。把时间花在和重要的人相处上，给值得付出真心的人以爱，与注定无缘的人友好告别。善待有缘人，看淡无缘心。

做乐观的人

> 英国著名诗人拜伦说:"悲观的人虽生犹死,乐观的人永生不老。"你用什么样的态度去对待命运,命运就会以一种什么样的方式回馈给你。

钱钟书先生在《围城》中举了这样一个例子:"比如一串葡萄到手,一种人挑最好的先吃,另一种人把最好的留到最后吃。照例第一种人应该乐观,因为他每吃一颗都是吃剩的葡萄里最好的;第二种人应该悲观,因为他每吃一颗都是吃剩的葡萄里最坏的。不过事实却适得其反,缘故是第二种人还有希望,第一种人只有回忆。"我们没有上帝视角,看待一样事物的时候,就像是盲人摸象,每个人都会得到不同的结论。我们看到的样子,取决于我们的心态。人生中得失福祸,喜怒乐哀,都在所难免。

然而,不同的人会从不同的角度、高度、气度去看待,因此得出不同的人生观。悲观的人,会把自己的人生总结为:人生以来,我积累失败,接受无奈,拥有寂寞,结缘烦恼……乐观的人,会把自己的人生总结为:人生至今,我积累经验,接受挑战,拥有幸福,结缘机遇……悲观的人,会在失败中看到无法弥补的错误,从而自责而弃;乐观的人会在失败中看到前所未有的机遇,进而自奋而起。悲观的人,只在困难中怨天尤人,半途而废;乐观的人,会在困难中查原寻因,进而努力突破。

总有一条路通往成功

世界上最难的两件事：
一是把别人的钞票放进自己的口袋，
二是把自己的思想放进别人的脑袋。
聪明的销售先解决客户的脑袋，最终赢得客户的钱袋。
愚蠢的销售只想着客户的钱袋，最终输了客户的钱袋！

有心栽花花不开，无心插柳柳成荫。总有人以命运的无常为自己开脱，殊不知，只有弱者才会向命运低头，而强者总是搏击风浪，他们掌握着自己的命运。《世界上最伟大的推销员》一书，阖卷闭眼再三思量，你会明白，人活在这个世界上，每一个人都是推销员。在古代，"学成文武艺，货与帝王家"，是一种推销；在如今，步出校门踏上职场，亦是一种推销。在推销货物之前，我们需要先推销自己。最好的销售，从来不是卖掉最多货物、取得最多货款的那个。而是抓住了最多用户的那一个。

小区里开了一家水果店，这里的居民并不觉得这家店能开多久。毕竟，在这家店之前，这里已经倒闭了三家水果店。老年人对性价比总是斤斤计较，而偏偏今年的水果很贵。对于拮据了半辈子的他们来说，水果并不是必需品。年轻人会在进口超市购买，或者在网上下订单。家门口的水果店固然近了，却哪有送上门的方便？

但将近半年过去了，小店的生意却越发兴隆。年纪轻轻的老板娘热情地招呼每一个进店的客人，买完结账又告诉你，加个微信吧，给你再打九折。一般人都不会拒绝这举手之劳能得到的实惠，于是，客人就成了并不算熟悉的朋友。

下一步她会拉你进群，群里是小区的业主们讲些家长里短，但时不时地，老板娘会搞些限量抢购的活动。价格确实实惠，水果品相口感又俱佳，颇留下了不少的客户。

再后来，老板娘的弟弟来了，有了壮劳力，水果店于是顺理成章地推出了送货上门的服务。小伙子不太会说话，看着腼腆，唯独笑得好看，很能给人好感。你要的水果再少，他也给你在十分钟里送上门。半斤龙眼也好，一个橙子也罢，他也不恼，也不嫌生意小。可多数人却是不好意思这么折腾人家的，于是，要两个山竹的时候，顺便也就搭上一斤香蕉几个苹果。这不，客单价就上来了。

如今，听老板娘讲，她家的水果店，线上线下的流量各占了一半，而靠微信群组织起来的线上客群，却还在蓬勃生长。我并不怀疑，这对有头脑也能给人好感的姐弟，能占领附近五六个小区的市场。毕竟，即便货物的质量一样、服务类同，人们也总是会下意识地挑选自己更熟悉、更有好感的供应商。不独水果如是，放之四海皆准。

腊月

南枝梅玉,
日晏霜浓十二月,
林疏石瘦第三溪。

看见世界不完美，保持心中真善美

不伪装，不敷衍，不欺骗，就是一个人的真。

懂宽容，懂尊重，懂体谅，就是一个人的善。

做一个正能量的人，比什么都重要。

一个人丢掉什么，也不能丢掉交往的真心；一个人输掉什么，也不能输掉鲜红的良心。

顶天立地做人，无愧于己；光明磊落做事，无悔于人。

同一件事情，在积极乐观的人和消极悲观的人看来，是完全不同的。苏东坡就是积极面对人生、满满都是正能量的典范。

苏东坡被贬到惠州，每天开心地吃荔枝，写出"日啖荔枝三百颗，不辞长做岭南人"。

被贬到黄州时，他经常请朋友们吃红烧肉，于是后来就有了东坡肉。

他游览黄州城外的赤壁，写出了"大江东去，浪淘尽，千古风流人物"的传世佳作。

被贬到海南时，他发现了牡蛎的美味，还叮嘱儿子不要告诉别人，不然大家都知道了自己就吃不到了。

人这一辈子，总是会遇到风雨，也总是能看见彩虹。我们总是会遭遇不如意的事情，但总有人可以用乐观的心态面对，看见还不曾到来的美好。人生不如意事十有八九，不妨把这些不如意看作贝壳里的沙粒，这样我们才能在历经岁月之后收获璀璨的珍珠。余生，请做一个正能量的人，看见世界的不完美，却依然保持心中的真善美。

任何绝技的修炼都是重复和坚持

再远的路，走着走着也就近了；再高的山，爬着爬着也就上去了；再难的事，做着做着也就顺了。每次重复的能量，不是相加，而是相乘，水滴石穿不是水的力量，而是重复和坚持的力量。

成功之道，贵在坚持！

水滴石穿，不是水的力量，而是重复下落的力量。同样的道理，柔弱的幼苗之所以能够破土而出，不是苗的力量，而是重复向上的力量。这样的重复充满了力量。重复的努力，可以帮助我们像 1.01 的 N 次方那样加速前进甚至飞跃。我们无论做什么事，只要能一直坚持，即使没有发生奇迹，至少也会战胜自己。若是能再多学学反复酌油的卖油翁和反复试验的爱迪生，或许真的会有奇迹发生。重复的精髓，在于耐心和智慧。一天练几百次球也不腻烦，可以数年如一日地做单调枯燥的工作也毫无怨言，从而在重复中修身养性。重复不是简单机械地再来一次，每一次重复都应当在原来的基础上升级，哪怕是一丁点的进步。电钻重复旋转，钻头便会锐不可当；锤子重复锤打，钉子便能越钉越深。事实往往就是这样，重复就是力量，坚持才会出彩。许多事情要想化平凡为非凡，都需要我们在耐心而智慧地重复中坚持不懈。

腊月

坚定信念才能活出真我风采

不怕在自己的梦想里跌到，只怕在别人的奇迹中迷路。
只做自己梦想的主人，不做别人奇迹的听众。

有人问，为什么我读了那么多的名人传记、管理学、成功学，却依然一事无成？因为，你已经迷失在了别人的成功之中了。

有句话叫作："学我者生，似我者死。"读名人传记、看成功学，不是让你去模仿别人的成功，同一条路，第一个走的人可以获得巨大的成功；第一批抵达终点的人，或许能收获财富；但再之后的后来者，通常只能收获失败，因为这条路，已经被别人走了，你再走，是死路一条。

读名人传记、看成功学，你要学习的不是别人成功的方法，甚至不是别人获取成功的技巧，而是其中的精神。

首先，是目标，有目标才有方向，才不会在种种诱惑之中迷失。其次，是行动，空有计划不去执行，再好的地图也不能让你抵达终点。再次，是坚持，这条路上总有波澜曲折，但若是选择返航，又怎么能在"山重水复疑无路"之中，寻觅到"柳暗花明又一村"？最后，是放下，放下你已经收获的成功，轻装上阵再出发，你才能在一次成功之后，收获一次又一次的成功。

记住，在别人的成功里，你永远得不到自己的成功。

人贵在有一种坚守，坚守你的坚守

> 我可以沉默，但不能沉沦；我可以一言不发，但不能一蹶不振；我可以没有言语，但不能没有精神。

春秋时期，礼崩乐坏，世衰道微。原有的社会秩序在崩坏，从"礼乐征伐自天子出"，到"礼乐征伐自诸侯出"，再到"礼乐征伐自大夫出"，直至"陪臣执国命"。一方面，原本的贵族阶层逐渐腐朽，另一方面，士作为一个阶层，正式走上春秋末年的政治舞台，并逐渐演变为后来的士绅阶层，统治中国两千余年。

在这样的背景下，作为周王室的守藏室史（王室图书馆馆长），遍览群书的老子，逐渐发展出自己的一套思想体系。在周王室已经无法力挽狂澜重新恢复统治的情况下，老子提出了"小国寡民""邻国相望，鸡犬之声相闻，民至老死，不相往来"的统治模式。然而，此时的周王室，经历了郑庄公"箭射王肩"、楚庄王问"鼎之轻重"后，权利已经被单、刘两家公卿执掌；王子期叛乱之后，军事力量进一步衰微。而老子本人也因为朝争，两次被罢免守藏室史。在这样的情况下，老子并没有选择寻找支持他的诸侯，而是在看清天下大势之后，选择西出函谷。

如果你做不到举世皆浊我独清，也请记得不要与之俱黑。人贵在有一种坚守，可以沉默，但不能沉沦。

腊月

己所不欲，勿施于人

小和尚问："师父，人活着怎样才舒服？"

老和尚说："'舒'字由'舍'和'予'组成，就是告诉我们：人要想活得舒服，需要'舍'和'予'。"

"舍"就是舍得、放下。

"予"就是给予、付出。

付出才有回报，为别人付出就是给自己铺路，让别人舒服，别人才会让你舒服！

带上你的微笑，面对人生的不期而遇！

一列火车在轨道上飞驰，窗外是一望无际辽阔的草原。有个老人在开窗的时候，不小心把自己的一只鞋弄掉下去了。这是双新鞋，还是老人的女儿买给他的礼物，可以说，是老人这辈子最贵的一双鞋。周围的旅客纷纷为之惋惜，但老人却赶紧把另一只鞋，也扔了下去。其余的旅客都是一头雾水，搞不明白老人这么做的用意。老人却淡然一笑："这鞋啊，再贵、再好，要是只留下一只，那我也没法穿了，也就是说，它对我已经变得无用。所以啊，我把另一只鞋子也赶紧扔下去。要是谁能够捡到了，他就能凑一双新鞋，对于他来说，这双鞋便有用了。"

这便是"舍得"，舍得放下一些对自己不再重要的东西，舍得成全别人。与其抱残守缺，不如舍去，或许会给人带来幸福，但更重要的是能使自己心情舒畅，不必空怀念想。或许啊，这正是老人能豁达地度过一生，老来依然活得舒舒服服的原因吧。

差之毫厘，失之千里

在职场工作中，"做""做到""做到位"，虽然每一个等级均仅一字之差，但前者只是代表你在工作，中者是完成了某项工作，而后者则不仅是完成了工作，还有一个良好的结果。一项工作如果你抱着"差不多"的心态，只是完成而不注重结果，那么你将和职场中的大多数人一样，注定得不到晋升。

工作的主动性源于自己对工作的热爱，是敬业的最基本表现。而有的人会主动找事做，主动发现问题，并积极思考提出解决问题的办法，不仅如此，这样敬业的人还会主动处理困难的或别人不愿做的工作。这样的工作表现，自然会出现不同的工作结果。当一个人对一件事情全神贯注并全力以赴的时候，他是最有魅力的，也是最有力量的。我们总是觉得那些成功人士风采照人、星光熠熠，羡慕他们有过人的创造能力、决策能力以及敏锐的洞察力。但是，要知道，他们并非天生就具备这些品质或能力，他们是在长期的工作中，在长期的自我鞭策中形成了这样的品质，并取得了某一方面的成功。他们的这种自我培养和鞭策，就是敬业精神的完美体现。正因为有这种精神动力地驱动，才会挖掘一个最有魅力、最有力量、实现最大成功的自己。精益求精，才能成长为职场精英。

腊月

坚守自己的本性是一种发光的品性

> 看一个人的内心是否强大，主要看他不管经历了多少背叛，依然敢于去相信别人。

1992年，还在读研究生的李一男被任正非看中，亲手带入华为总部实习。进入华为之后，他更是走上了职业事业快车道，用了两天时间升任工程师，半个月升任主任工程师，半年升任中央研究部副总经理，两年被提拔为华为公司总工程师和中央研究部总裁，27岁便坐上了华为公司的副总裁宝座，成为公认的任正非"接班人"。

但2000年，李一男拿着从华为股权结算和分红的1000多万元，在北京创办了自己的"港湾网络"公司。任正非不以为忤，还专门给他举办了隆重的欢送会。可李一男却在2003年的时候，盯上了华为的根本——通信业务。他从华为挖走了一百多人的核心员工，把能抢的客户全从华为抢走了。也正是在这样一个亲手培育出来的对手面前，华为的业绩第一次出现了负增长。

不过，华为的根子还在，很快，华为就从连番打击之中恢复过来。2006年，华为以17亿元将在竞争中落败、濒临破产的港湾网络收入囊中，李一男重归华为担任副总裁。任正非在李一男回归华为的会议上说："如果华为容不下你，何以容天下，何以容得下其他小公司"。正是这样的胸襟，成就了华为。

初心不改，人间自有真善美

> 看一个人的内心是否纯净，主要看他不论经历了多少创伤，依然相信世间的美好。

随着年龄渐长，我们知道得越来越多、经历得越来越多，于是，我们渐渐放弃梦想，也开始怀疑生活。我们对这个世界有了动摇，总觉得这个世界太复杂太现实，这个社会太冷漠太残酷。真正的成长与成熟，往往就是从三观的崩塌与重建开始的。

人世百态总有各般滋味，有太多事与愿违，也有太多的辛酸不忍言说。即便是别人眼里光鲜亮丽的生活，背后也总是藏着别人看不见的难。没有谁活得很容易，只是看起来容易而已。

生活可能没有你想象得那么好，但也不会像你想象的那么糟。真正纯净的心灵，是看透了这个世界的所有不堪，遭遇过很多次的背叛和伤害，却依然能相信这个世界的美好。

腊月

层次越是高，越能做得到

> 看一个人的内心是否宁静，主要看他不论经历了多少荣辱，依然能够淡定和从容。

宠辱不惊，闲看庭前花开花落；去留无意，漫随天外云卷云舒。内心宁静的人通常会显得淡泊一些，有钱也很好，没钱也很好，都不要紧，因为我们吃不了多少东西，用不了多少东西，东西太多，还要不断地送人，或是扔掉，否则家里没地方放，搬家的时候也很麻烦。这就是物累。没必要为了这种太多就会变成物累的东西，浪费我们的生命。闲下来，就看看庭前的花开花落，听听风声鸟鸣，看看月亮太阳，看看天上飘来荡去的白云，多么逍遥惬意。甚至朋友也是这样，朋友太多，你没时间应酬，不主动来往还会得罪朋友，让大家不开心。所以，朋友去也罢，留也罢，都随他们，没必要执着。不如"静对古书寻乐趣，闲观云物会天机"，静静地在读书中寻找乐趣，看天边的云忽而卷过去，忽而卷过来，让自己的心和大自然融为一体。富贵也罢，荣耀也罢，屈辱也罢，潦倒也罢，都不在乎，都不动心。得时不得意，失时不气馁，光明来了就是光明，灰尘来了就是灰尘，那么，总有一天，你在污泥中也能长出自己的莲花。

把握命运，创造未来

> 当你把希望放在别人身上时，你会选择等待。
> 当你把希望放在自己身上时，你会选择奔跑。

有一次，我从报社忙碌的工作中，抽出时间去参加儿子学校的运动会。孩子们都很努力，也挺拼，但彼此之间还是有些区别的。我觉得，在接力跑的时候，大概最容易看出他们的不同。有些孩子会给前一棒的队友加油，希望他能跑快一点；而有些孩子会默默准备，摆好起跑的姿势。前一种人，把赢得胜利的希望和压力，放在了同伴的身上；而后一种人，则把赢得胜利的希望和压力，放在了自己身上。前一种人期望有强有力的伙伴；后一种人习惯不求人，习惯了自己掌握一切，把握命运、创造未来。我们不能说这两种人谁好谁坏，这只是性格上的差异罢了。但通常来说，习惯依赖别人，把希望放在别人身上的人，通常只能成为一个团队的成员、辅佐者、执行者；而习惯独立自主、自己决定方向的人，却往往可以成为一个团队的领导者。

腊月

人生不能失去方向

你来自何处并不那么重要，重要的是你将要去往何方。

人生最重要的不是你现在所站的位置，而是所去的方向。

大学开学第一课，老教授对台下懵懂的学子们说："你们也许来自湖北、四川、广西、宁夏、河南、山东、贵州、云南的小镇乡村，也许来自北京、上海、广州、深圳的繁华都市，但你们来自怎样的家庭，拥有怎样的经历，高考考了多少分，在这一刻都不重要了。重要的是，在未来四年，在漫长的余生，你们立下了什么样的志向，又打算如何去实现自己的梦想。"

你之所以成为你，是因为你读过的书、走过的路、遇见的人、做过的事；你将成为怎样的自己，取决于你将要读什么书、走什么路、交什么样的朋友、做什么样的事。同在一条路上，只要比别人走得更久，就能够走出别人没有的距离。只要比别人走得更远，就能看到别人没看到的风景。我们来自何处并不重要，重要的是我们要去往何方。人生最重要不是所站的位置，而是所朝的方向！只要不失去方向，就永远不会失去自己。

世界为你让路

一个目标明确的人，整个世界都将会为它让路。
一个目标明确的团队，全部精神力量都将会被它凝聚。
一个目标明确的组织，所有行业资源都将会向它集中。

《论语·为政》：子曰：吾十有五而志于学，三十而立，四十而不惑，五十而知天命，六十而耳顺，七十而从心所欲，不逾矩。

立志要趁早，一个人只有拥有了明确的目标，才不会在接下来的人生之中，因为种种诱惑而迷失方向。

大唐武德九年，天竺僧波颇抵长安，玄奘得闻印度戒贤于那烂陀寺讲授《瑜伽论》总摄三乘之说，于是发愿西行求法，直探原典，重新翻译，以求统一中国佛学思想的分歧。翌年，贞观元年，玄奘结侣陈表，请允西行求法，但未获唐太宗批准。然而玄奘决心已定，乃"冒越宪章，私往天竺"。贞观二年，二十六岁的玄奘独自一人西出长安，踏上了求取真经的漫漫长路。此行甚至没有一条完整的路，玄奘法师需要在沿途断断续续的商路上，走出一条全新的路。一人一马，偷渡西行五万里。入荒漠，翻雪山九死之中求一生。十七年辗转一百一十个邦国。十九年苦译一千三百三十五卷经书。他传奇的一生，发端于二十四岁那年的一次际会，发扬于二十六岁那年的远行。西行之路是奇迹吗？是的，但如果你有明确的目标，整个世界都会为你让路。

腊月

管控好时间

成功的富人们通常有一个共同特点,他们都是管理时间的高手;每一分每一秒,做最有生产力的事。

而穷人穷困的原因或许各不相同,则无一例外地都不擅于管理时间。

清史学家戴逸认为,康雍乾盛世是中国历史上发展程度最高、最兴旺繁荣的盛世。不过,我们印象之中的乾隆皇帝,却是个游山玩水、游戏风尘的"闲散皇帝"。乾隆皇帝之所以能够在将中央集权演绎到极致的同时还能六下江南游山玩水,能够在自己的兴趣上花费大量的时间和精力,其实,得益于他高超的时间管理手段。

从早晨 5 点鸡鸣,皇帝起床后去给太后、太皇太后请安,到晚上 10 点学霸自习式看书。有专门的机构负责安排乾隆皇帝的行程,而皇帝也并不如何任性,无端改变自己的行程安排。这种对于既定计划的执行能力,对时间的管理能力,恐怕还要在很多现今社会的"工作狂人"之上。

每个人的每天都只有 24 个小时,如何最大化地利用好这 24 个小时,是很多人在思考的问题。对时间管理和利用的差异,会让人的一生,拥有天壤之别的不同结局。

善用时间就是善待生命

> 在大多数情况下，时间是一分钟一分钟浪费的而不是整个钟头浪费的。

时间都去哪儿了？

当你带着一身的疲惫终于可以躺在床上，关了灯却还没睡着的时候，你或许会问自己这样一个问题：时间都去哪儿了？你觉得这一天都忙忙碌碌，体力精力都耗费不少，但认真想想，仔细算算，好像这一天，你还有好多原本计划要做的事情没做，可是这一天，却已经快要结束了。

别怀疑，这个世界上并没有一个偷走你时间的窃贼，只是时间自己在你不知不觉的时候，偷偷溜走了而已。你觉得自己没有浪费时间，念书做功课的时候总是撑到零点，可你总会在课本空白的地方涂鸦、在不知不觉的时候转起了笔；你觉得自己没有浪费时间，写方案的时候总是要熬到深夜，可你总会打开一个不相干的网页看两眼；你觉得自己没有浪费时间，可你总会在陪伴家人的时候，不知不觉地就拿起了手机，刷起了短视频……你觉得自己没有浪费时间，其实你只是没有浪费大把大把的时间，但在你不知不觉的时候，时间还是变成碎片被你浪费了。而这样浪费时间，和发一个下午的呆，其实没什么区别，你一样浪费了相同的时间，甚至降低了自己学习和工作的效率，也没有全情投入和家人相处。

珍惜时间，从用好每分每秒开始。

腊月

珍惜时间就是珍惜生命

　　争取时间的唯一方法是善用时间，让每一分每一秒都有价值地度过。

　　你不浪费时间，时间也不会辜负你；谁对时间越吝啬，时间对谁就越慷慨。

　　一点一滴汇成大海，一分一秒组成人生；你节约的分分秒秒，都是在延长你的生命。须知滴水成河，用分来计算时间的人，比用时来计算时间的人，时间多59倍。

　　人的一生说起来挺漫长的，漫长到有时候我们会不知道该如何打发时间。但当你把你的一生分割开来，你会发现，一生之中唯一可以无忧无虑的童年只有短短几年；你会发现，你的青春只有短短的几年，可能你还没来得及早恋，就已经成年；你会发现，拥有充足精力和时间可以提高自己的时间也不过只有几年，再然后，就要在工作和家庭之间做出平衡，无法全身心投入自己的事业；甚至当你退休后，原本以为时间多得没法打发……可健健康康快快乐乐重拾兴趣体会生活的时间也不过只有几年，再往后，你就要和每况愈下的身体和虎视眈眈来袭的疾病作斗争了。人的一生可短暂了……如果你将人生分割成无数细小的瞬间，会发现，这一生看似漫长实则短暂，很多事情你还来不及去做，很多人你还来不及去爱，这一生就带着好多遗憾，即将迎来尾声。唯有珍惜并抓住每一分每一秒的时间，你才能真正拥有这一生，过好这一生。

只有不断地超越才能不断地成长

离开舒适区才能达成新的目标，想要长久的舒适，先要经过一个漫长的不舒适。生于忧患，死于安乐；逆风的方向，更适合飞翔！

会议上给你机会让你站起来阐述自己的观点，提出自己的想法，但你却害怕说错了话，把机会推给了同事。你想要拓展自己的人脉，扩大自己的交际圈，却怎么也不敢和陌生人搭讪。你想要和职场的前辈一样，能够在台下坐满观众的时候，依然可以侃侃而谈、挥洒自如；但等到给你上台的机会时，你却两股战战，紧张到打个招呼做个自我介绍都做不到。

当你羡慕别人可以在面对任何困境的时候都能游刃有余，羡慕他们总能很轻松地解决很多你眼中的难题，羡慕他们可以顺顺利利地升职加薪、得到提拔，甚至跳出去开创了一番自己的事业的时候，你有没有想过，为什么别人的职业发展很顺利，而你却依然停留在原地？

我们总是要遭遇一些我们把握之外的事情的，我们总是会遇到我们掌控不住的局面，逃避是最简单的应对方式，但如果你选择迎难而上，当你克服了自己的恐惧和不情愿，你会收获一个更优秀的自己。

每个人都希望活在自己的舒适区里，但这个世界上并不存在真正的、永久的舒适区。生活在舒适区之中，就意味着没有改变，就意味着你将慢慢失去竞争力，最后，被这个时代淘汰。

腊月

没有借口,没有不可能

说一尺不如行一寸。只有你的行动,决定你的价值。付出了多少决定了成就的大小。

只有行动赋予生命以力量!

如果把通往成功的路比作爬山,那么,你在山脚下发了再多的誓而不迈开腿开始行动,山不会距离你更近。只有一步一步往前走、往上爬,分开荆棘、越过泥泞、跨过拦路石、走出低谷,才能抵达最高的山巅,看见别处看不到的风景。

行动,总是比话语更有力量。只要方向没错,那么,你跨出的每一步,都会离你的目标更近一点。不管前方的路有多苦,只要走的方向正确,不管多么崎岖不平,都比站在原地更接近幸福。

人们总是不断犯错,虽然前路迷茫,但他们依然在竭尽全力寻找光明。我们每个人都生来平凡,却渴望拥有不平凡的一生。请奋斗在路上的你,从现在开始,不要回头。不管前方是怎样,也请要坚持走下去,别回头!

每一个人都是一座无尽的宝藏

人生是一座可以采掘开拓的金矿，但总是因为人们的勤奋程度不同，给予人们的回报也不相同。在事业的峰峦上，有汗水的溪流飞淌；在智慧的珍珠里，有勤奋的心血闪光。

当你羡慕别人高考高中，金榜题名的时候，是否有想过别人在凌晨晨光熹微的时候就起床背英语；想过别人就着宿舍外过道灯的灯光写完的一本本模拟卷？

当你羡慕别人升职加薪，事业顺利的时候，是否有想过别人总是加班到深夜，力求尽善尽美而不敷衍；想过别人在你出门旅游的时候，上培训班考证？

当你羡慕别人业绩斐然，领导赏识的时候，是否有想过别人兢兢业业了解产品了解客户，小心翼翼地经营着与客户的关系，把客人做成了朋友？

当你羡慕别人总是可以获得成功，运气一如既往地好的时候，你是否想过，别人在背后付出的努力？又是否想过，所谓的成功，只是每日每夜每时每刻的努力积淀而来？当他们在吃苦受罪努力提高自己、积攒人脉资本的时候，你又在做些什么？

也许每个人生来都有不同的起点，但这一生你能达到怎样的高度，最终其实还是取决于如何度过这一生。每个人的人生都有不同的价值，但这份价值并非别人定义或者赋予了你，只是源于你对自己潜力的挖掘。

腊月

一步天才一步庸才,在于怎么选择

> 在日常生活中,靠天才能做到的事,靠勤奋同样能做到;靠天才做不到的,靠勤奋也能做到。
>
> 天才与凡人只有一步之隔,这一步就是勤奋。

俞敏洪和李彦宏是北大校友,一次节目上,俞敏洪问李彦宏:"你在上学的时候,是不是特别聪明的那种?"

李彦宏对此表示否认,他觉得自己并不是最顶尖的优等生,从小到大,从来没有拿过前五名的成绩。或许比一般人优秀,但称不上是最优秀。

俞敏洪就更不用说,在北大的时候一度沦为差生,后来也是靠了狠钻英文扩大词汇量这点,赚得了留校北大当老师的机会。

两人一寻思一合计,然后发现,北大人之中,真正能够做出一番事业,闯出一片天地,或者在一个领域有所成就的,反而并不是最聪明的人。相对而言,比较笨的人后来做事情成功的可能性反而更大。这些笨人只能拼命地学,学到最后他们的韧劲就出来了,吃苦就变成了一种习惯。所谓"勤能补拙是良训,一分辛苦一分才",其实说的就是这个简单而深刻的道理。钱穆先生在《新亚精神》一文中讲到,没有理想地吃苦,那是自讨苦吃,有理想地吃苦,才是一种精神。有理想而能吃苦,这样的人,离成功只是时间问题。

学会换位思考

> 站在上司的立场想问题，站在自己的立场做事情。
> 没有不合理的职场，只有不合理的心态。

很多时候，领导给在安排工作时，由于自身工作繁忙，或者出于工作习惯，不会向你解释原因。当然，领导也没有必要向你解释原因。如果员工对这项工作产生疑问，最好能站在领导的角度去想想领导为什么这么做，假设自己如果是领导的话，该会如何来处理这件事情。将自己的思想换位在领导的立场，有利于培养自己全局思考的能力，对于自身的成长非常有利。

经常性的换位思考，站在自己领导的角度想想，又站在自己下属的角度看看。想想如果我是领导/下属，我怎么做才能让大家都满意。这样在自己的工作当中，就会充分考虑到各方面的感受，会知道作为领导和下属的不易。

每个岗位都有自己的优缺点，学会在工作中照顾对方。这样的工作态度是每一个同事都会喜欢的。经常这样的考虑问题，领导喜欢，同事热爱，在职场生活当中游刃有余，一帆风顺。换位思考在职场生涯中是非常重要的，不论是领导还是员工、上司还是下属，都要学会换位思考，这对于自身工作能力的提高、职场晋升以及企业内部形成良好的工作环境，都非常有用的。

腊月

选一条过去，大不了重来

> 在人生的行进的道路上，我们必须习惯，站在转折的交叉路口，却没有红绿灯的事实。

有人说，程序员吃青春饭，35岁失业。这并非自我调侃，而是诸多互联网大厂心照不宣的潜规则。这一行日新月异，变化太快，身处其中，需要不断更新自己的知识结构。否则，你就会因为跟不上公司前进的脚步，而被淘汰。

当然，如果你足够优秀，在考评上能够得到A，那么公司自然不会辞退这样优秀的员工。所谓的淘汰超过35岁的员工，实质上，仅仅只是淘汰考评为C的员工，不论年龄。淘汰平庸的员工，是每一家公司都在做的事情。自然界之中，狩猎能力逐渐退化衰弱的老狼，将逐渐失去优先进食的权利，最终被狼群淘汰。只有这样，一个狼群才不会被拖累，才能发展壮大。虽然残酷，但优胜劣汰的竞争，从来就这么残酷。办企业不是请客吃饭，有时候，为了企业整体的健康发展，修剪枝干是必须的。

优秀是淘汰出来的，卓越是磨炼出来的。对于个人，唯有不断更新自己的知识储备，才不会被公司淘汰；对于企业，唯有不断更新自己的人才梯队，才不会被时代淘汰。这样的淘汰，总是来得悄无声息，你唯有保持不断前进，才能在遭遇转折时，游刃有余。

轻装上阵，行者无疆

  人生就是一场漫长的旅途。

  昨天你是谁不重要，重要的是，今天你是谁，以及明天你将成为谁。

  把辉煌和挫折都留给过去，此刻，定下一个小目标，然后轻装上路，勇敢迎接风霜雨雪的洗礼，在磨练中不断成长，最美的风景终将在前方等你！

  敦煌戈壁，四天三夜，108公里，徒步。

  这一路上，我有很多感悟，其中之一就是——轻装上阵才可远行，背负太多，就走不了太远的路。

  在这个世界上，曾经获得过成功的人数不胜数，时时刻刻也有人正获得成功，但只有很少的人，才拥有持续获得成功的能力。而在这其中，或许有很多种可贵的品质。但一定有一种是放下。

  一位明星，在电视圈咖位刷到最高，然后想要进入大银幕，怎么办？你可以带着你在小荧幕的成就和荣誉，在一部大制作中得到一个重要角色。然后呢？大银幕和小荧幕之间的不同，会让你收获一次失败。下一个投资人、下一个剧组会因此而持观望态度，再给出邀约的时候，自然会变得谨慎。你也可以放下身段，从配角做起，不必承担一部戏的票房压力，反而可以博得一个甘当绿叶的好名声。重新"打怪升级"，自然能再一次成为电影大咖。

  须知，最美的风景，永远在还未抵达的地方。

腊月

越专注就越成功

> 人总是从某一点开始突破，开始出类拔萃。
>
> 只要你珍惜才露尖尖角的"小荷"，只要你从某一点上开始杰出，迥于常人，并发扬光大，日积月累，你便能造就你自己辉煌的人生。

知识大爆炸后的当今社会，各个领域的趋势都是方向不断细化、高度分工。这意味着即便穷极一生，普通人也很难在某个领域有很高的成就。既然如此，我们就更需要尽一生来钻研并精通一个领域。

刘伯温的《郁离子》讲："多能者鲜精，多虑者鲜决。"全才通常意味着全面的平庸，这懂一点，那懂一点，结果什么都不懂，什么都不会。试想在如今的社会，我们需要的是通才还是专才呢？答案是肯定的——专才。一个人的精力和时间都是有限的，谁也不能在有限的一生中掌握多个方向的知识和技能，并且每一样都在水准线以上。然而，我们却可以利用有限的时间和精力向一方面发展，成为专才。大量事实证明，社会更需要专才。全才从另一方面来说就是不精，就是庸才。

就像是曾经出现过的"博物学家"如今已经消失，现在的社会，就像用一堆木桶作为材料打造一个新的木桶，这个木桶叫作团队。一个团队，需要的不是你全面发展，也不在乎你的短板有多短。事实上，你最具利用价值的，只是你最长的那块木板。

时刻准备着，准备做最好的自己

> 没有谁的幸运，凭空而来，只有当你足够努力，你才会足够幸运。
> 这世界不会辜负每一分努力和坚持。时光不会怠慢执着而勇敢的每一个人。

村子里有个少年在练屠龙技，但世界上已经没有龙可以让他成为屠龙的英雄了。因此，这是一门完全无用的手艺，甚至不能让他吃上一口饱饭。村子里的好心人，建议少年学一门有用的手艺，木匠、篾匠、石匠、铁匠、酿酒都可以。再不然，就算是踏踏实实耕地，也总比练这些无用的技术更好。但少年没有解释，只是依然坚持。

有一天，消失已久的恶龙又出现了，恶龙在王都抓走了公主，国王号召全国上下的勇士征讨恶龙。英勇的骑士、身经百战的战士、最出色的猎人，纷纷败下阵来，丧命于龙火。唯独已经成为中年人的屠龙少年，以原本以为无用的屠龙技，杀死了恶龙。他赢得了掌声、金钱、地位，人人都说他幸运。而他笑笑说，幸运，不过是努力和坚持的另一种说法罢了。

没有谁的幸运是凭空而来的，如果你看到有谁总是可以接到一个又一个天上掉下的馅饼，那只是证明了，他提早练好了接馅饼的技术。并不是机会总青睐那些有准备的人，只是这些有准备的人，更能抓住机遇而已。

腊月

一件事情有七分把握就可以干了

> 当机会来时，非要全部弄懂、全清楚了才出手，机会早就错过去了，睿智的人重在把握时机！

一部《传奇》，曾经造就了中国电子游戏的第一个黄金时代，造就了一家游戏行业巨无霸级别的盛大游戏，也造就了一位中国首富陈天桥。甚至在时隔多年以后，还养活了诸多借着"传奇"名义收割中年男人"情怀"钱的诸多页游。这一系列的事情本身，就是一个传奇。当然，也包括陈天桥拿下《传奇》网游国内代理的故事。

2000年，互联网泡沫破灭，殃及全球。股价大幅下跌、投资缩紧，全球5000多家互联网公司倒闭。网易濒临纳斯达克退市，丁磊一度准备以8000万美元的价格卖掉公司。而刚刚雄起的盛大网络，才走着上坡路，忽然眼前就没了路。2001年底，盛大账面上只剩下大约30万美元。有人求稳，有人求赢，而陈天桥选择全都要。他拿出公司账上最后一笔钱，买下韩国一款二线游戏《传奇》的中国代理权。老实讲，谁都不看好这款游戏会火。在所有人看来，这只不过是陈天桥这个一路顺风顺水得意惯了的年轻人，一次不认命的垂死挣扎罢了。

但他成功了，他成为传奇。事情不是要有百分之百的把握才值得去做，敢于冒一定的风险，才能有更大的收获。

与时俱进，做新时代的弄潮儿

永远记住，时代不会淘汰会学习、善于接受新鲜事物的人。

只有会学习的人、善于接受新鲜事物的人才会在职场上立于不败之地。

奥巴马投资的纪录片《美国工厂》，在片尾的时候，玻璃大王曹德旺很高兴地听到，新安装的机器，又可以替代多少个工人。

这是一个科技大爆炸的年代，技术的出现是把双刃剑。一方面，它提升了生产力，创造了新的岗位；但另一方面，它也会淘汰很多旧的岗位，让很多人失业。这股由人工智能带来的失业风潮还在蔓延，从干着重复劳动，几乎是流水线的一部分的产业工人开始，到写字楼里的格子间中，朝九晚五对着电脑的普通白领。

科技带来的改变之中，总有旧的岗位被淘汰，也总有新的工作被创造出来。就像汽车的出现淘汰了马车夫，但却出现了汽车司机这样一份新的工作。理智的马车夫，绝不会忿忿不平地抗议，而是赶紧学习如何侍弄这些新的铁家伙，这看起来跟喂马养马并不相同。

保持终身学习能力，不断更新自己的认知体系和知识库，能够让你在面对职场上的变化之时，保持竞争力不被淘汰。就像程序员总是担心自己会因为跟不上编程语言的世代更替，而在一个并不算大的年纪被代替；但奋斗在算法研究第一线的算法工程师，却从来不用担心高薪的工作找不到自己。

腊月

对自己能力负责，为自己选择埋单

没有金刚钻就不要揽瓷器活。

属于自己职责范围的事不推诿、不扯皮，踏踏实实完成。对于其他自己不会的工作，就不要为了脸面说大话。

如果已经揽下来了活儿，无论怎样都要完成。正如那句话说的：自己选的路，跪着都要走完。

近年来，很多成语俗语都被"翻案"。有人鼓吹，"狗拿耗子"是勇于跨界，是在工作之外提升自己的技能池，做"斜杠青年"，扩大就业面，免于"35岁即失业"。

对此我并不赞同，很多事不是努力了就有结果，更难免事倍功半，在投入产出比上缺乏竞争优势。一专多能固然是理想状态，但难免分散精力。如果你没有超出常人的学习能力、精力、体力和坚持的决心与毅力，那么，在自己的本职工作中提升技能深度，反而是更好的做法。

这也不是说一个人一辈子就只能囿于一个领域。先做好自己的工作，才有资格和底气染指其他。没有金刚钻，不揽瓷器活，在确定你可以把本职工作做到最好，确定自己在伸手跨界的领域可以做到水准之上前，你伸手越多、跨界越多，只会让你分散精力，在所有领域上一事无成。

同样的，如果你已经揽下了事情，那么作为一种承诺，你就应该尽全力去做到。功夫不怕有心人，只要你肯下力气钻研，那么努力辅以时间，你总归可以开拓出一篇新的天空。

以螺丝钉的担当凝聚众人的力量

同事之间，互帮互助，风雨同舟。
一个人可以走很快，但是走不远；
一群人虽然速度不快，却可以走得更远。
现在职场上讲究的是团结、合作，团队的重要性无与伦比。所以，同事之间的关系很重要，遇到难题时大家多多协商、讨论，少些不和，争取和大家做到风雨同舟。

没有人可以单枪匹马打天下，更没有人能赤手空拳坐天下。团队的力量，是个人所不能企及的，一如那句谚语："三个臭皮匠，顶个诸葛亮。"俗话说，一个篱笆三个桩，一个好汉三个帮。在当今合作共赢的时代，只有依靠团队方能制胜。

企业的经营之路不会一帆风顺，遇到困难和危机在所难免，坚实的团队基础，方是克服困难、永续经营的保障。有时候，我们往往会感激一个陌生人的帮助，却对身边的人熟视无睹。不要去忽略、更不要去伤害那些曾经帮助过我们的人，滴水之恩，当涌泉相报。懂得知恩图报、懂得感恩他人的人，才可能得到别人源源不断的关心和帮助。抛开这种合作共赢的关系，朝夕相处的同事之间，也有一份亲情和友谊。所以，感恩那些关心或帮助过我们的同事吧，因为他们的风雨同舟，才能使我们散发出更多的智慧和更大的力量。没有完美的个人，却有完美的团队，优势互补、通力协作，才能发挥出一个团队最大的力量。

腊月

明白了究竟，遇事则通透

> 世上无难事，只怕有心人。柳暗花明又一村的欣然并不是白白就可以获得的，唯一可以相信的就是世上无难事，在工作中遇到问题学会从根源上找原因，学会从多个角度考虑问题。说不定什么时候，你就豁然开朗，从而找到解决方法。

南岳怀让禅师欲传灯与马祖道一。看到马祖道一终日打坐，怀让禅师跟他打招呼，马祖道一也不理不睬。怀让禅师便拿着一块砖，在马祖道一面前的地上打磨。马祖道一忍不住问："老法师，您在干什么？""磨砖做镜。"

"砖头怎么能磨成镜子呢？您开玩笑！""那我问你，你在干什么？"

"打坐！""打坐为了什么？"

"为了成佛！""砖头磨不成镜子，难道打坐就能够成佛吗？"

马祖道一怔住了，问："怎么做才对呢？"怀让禅师说："譬如牛拉车，车不走，是打牛还是打车呢？""当然是打牛了！"怀让禅师说："你现在明明就是在打车嘛！"

无论是工作上还是生活上，我们总会遇到很多问题，想要找到这些问题的答案，我们免不了要追根究底，寻找问题的根源。多一个看问题的角度，你就能把问题看得更清楚一点。你要有打破砂锅问到底的精神，要求个明白。问题的答案从来不是自己跳出来的，所谓的柳暗花明，也不过是你在山重水复的曲折里依然努力，而回报予你的风景罢了。

在工作中找到成就感

在工作中办事既要讲效率，又要有情感。

把工作当成自己最热爱的事情去做，多方面考虑，结果要有成效。

同时，在办事过程中要全力倾注自己的情感和心血，相信自己会对最后结果满意。

工作，对于每个人的意义都是不同的。对于有的人来说，工作是赚钱的方式，是人生中的"必要之恶"。挣钱是为了享受生活，他们将工作和生活对立起来，认为工作是工作，生活是生活。抱着"拿多少钱干多少事"的态度，不是自己的工作绝不多干，加班的事情能避免就避免，下班的时候最积极。

但对于另一些人来说，工作是生活的一部分，他们热爱工作，因为他们在工作中得到了成就感，能感觉到自己的不断提高，甚至他们所从事的工作，本身就是他们的兴趣所在。

毫无疑问，第二种人会在职场中有更大的发展，他们的人生，通常也会更有趣一些，他们更容易全身心地投入工作之中，更容易成为一个团队的核心和领导者，成为一家企业的骨干和领头羊，成为这个社会所推崇的成功者。

腊月

不经一番寒彻骨，怎得梅花扑鼻香

挫折是对人的一种勉励，许多人想取得成功的同时，避免遇到挫折。

但他们不知道通往成功的必经之路上，肯定隐藏着不少挫折。

没有挫折的成功，便不能叫成功，至少是没有价值的。

有时候，失败可以给我们带来更多的好处。一项统计学研究表明，在生涯早期曾经遭遇过重大挫折的运动员，往往能够将自己的职业生涯巅峰保持得更久一些。相反，那些顶着天才光环的运动员，却往往容易遭遇"出道即巅峰"的困境，他们的职业生涯是在走下坡路的，而且巅峰期往往会比较短暂。

那么，为什么会出现这样的情况呢？在后续的走访中，这个研究团队发现了其中的原因，这些经历过重大挫折的运动员，在遭遇失败的痛苦之时，并没有被痛苦和失败击败；与之相反，他们将此转化为自己的动力，从而获得了加倍的成长。而且，曾经有过失败的他们，往往更容易承受失败的打击，更懂得在失败后调整好自己的心态再出发，更明白，如果能够战胜挫折，那么挫折只是一时的，成功终将到来。

谁挖掘谁成功，谁善用谁收获

> 我们每一个人都有一种潜在的使我们走向成功的能量，只是这种能量很容易被习惯所掩盖，被时间所迷离，被惰性所消磨。

选对了目标，找对了方向，制定好计划，然后不回头地走下去，终有一天，你会获得成功。

看，成功其实是一件很简单的事情，对天赋没有那么高的要求，也不是运气很好的人才有机会得到。我们每个人都有获得成功的可能，都有这样的潜力，但最终，能够抵达终点获得成功的，却总是寥寥无几。

为什么？可能是因为我们有太多的坏习惯，坏习惯很容易养成却很难改正，很多时候都会伴随我们一生，如果我们没有意识到它的害处并且努力改正的话。坏习惯，会让我们在通往成功的路上不断偏移方向，最终，会离目标差了十万八千里。

也可能是因为我们不够坚持，在刚开始的时候，我们总是充满了斗志的，但在这条路上走了很久，却仍然看不到成功的曙光，而疲惫却日积月累的时候，很多人都会选择放弃。

当然，最大的敌人是懒惰，人人都有惰性，有的人能够战胜惰性，但大部分的人会被惰性打败。勤能补拙，懒惰却会毁掉一个人的将来。

成功不难，只要你可以改正坏习惯，能够在低谷的时候仍然坚持，能够战胜自己的惰性。

腊月

我就是我

当所有人都拿我当回事的时候，我不能太拿自己当回事。
当所有人都不拿我当回事的时候，我一定得瞧得上自己。
这就是淡定，这就是从容。

每个人都有他存在的价值，如果你的价值还没有得到别人的认可的时候，别看轻自己、贬低自己，要相信自己是一块璞玉，只是还未经过雕琢。你需要经过生活的打磨，才能散发出最璀璨的光芒。

当你的价值得到了别人的认可，这时候反而应该沉下心，避免"膨胀"。很多一时成功的人之所以没有能够再创辉煌，就是因为在别人的褒扬、赞美、吹捧中迷失了自己，飘飘然的样子，自然再不能脚踏实地去做一些事，自然，也再难有新的、更高的成就。

从容是一种珍贵的品质，在他们的人生之中，风雨也好，彩虹也罢，荆棘也好，玫瑰也罢，都是外物，都能看淡。无论外界如何风雨交加，他们依然可以保持内心的云淡风轻。这，就是淡定。

不被乱花迷了眼

> 在职场中行走，别被欲望左右迷失了方向，别被物质打败做了生活的奴隶，给心灵腾出一方空间，让那些够得着的幸福安全抵达，攥在自己手里的，才是实实在在的幸福。

人生是一场修行，职场亦是你的道场。初入职场的菜鸟新人羡慕地看着前辈们游刃有余的时候，他们并不能看到前辈们也犯过错、吃过苦、流过汗、受过伤、被批评、被痛骂、被拒绝……他们一样有过负能量，经历过挫折和逆境，也曾想要过放弃、离开这个战场。但最终他们坚持了下来，成为了如今优秀的模样。这就是一场修行，一如孙悟空在老君的丹炉里炼成了火眼金睛，不曾吃过苦，又哪里有如今的幸福甜蜜。

世间充斥着各色的诱惑，职场亦如此。很多时候你想轻松点走捷径；但天上不会掉馅饼，所谓捷径更可能是陷阱。不要拒绝陌生人的善意，却也不要接受没来由的礼物，因为所有的礼物，命运早已在背后标好了价格。所以，你要学会控制自己的欲望，也不要在形形色色的诱惑里迷失自己本来的方向，去掉自己的天性，忘了自己的初心。人要学会享受自己努力的成果，却不要成为物质的奴隶；避免在物质日渐充盈的时候，心灵却日益贫瘠。

有时候，你要学会知足才能容易满足，幸福不是你拥有很多，而是你想要的，恰好一直都在。

腊月

凡事心若止水，则修得差不多了

> 如何获得幸福与快乐，是每个人一生的必修课。
> 很多时候，幸福并不在别处，就在你的心里！

一个人一生中最重要的一项能力，就是你获得幸福感的能力。如果企图永远幸福，可能只会导致失败与失望。并不是每一件事都可以同时为我们带来当下与未来的幸福。有些时候，我们确实需要牺牲一点快乐，去换取目标的实现，有些平淡或琐碎的付出是无法避免的。就像为考试而学习、为未来而攒钱、为实现一个目标而超时工作，这些都会带来些许不快，但确实可以帮助我们在未来获益。重点是，就算我们必须牺牲一些眼前的快乐，也不要忘记我们仍然可以从生活的方方面面尽可能地发掘出能为当下和未来带来幸福的行动。

真正能够持续的幸福感，需要我们为了一个有意义的目标快乐地努力与奋斗。幸福不是拼命爬到山顶，也不是在山下漫无目的地游逛，幸福是向山顶努力攀登过程中的种种经历和感受。幸福，不在别处，就在你的心里。

但求身体好，做个常人就好

> 身体好，心态好，常人。
> 身体好，心态也不好，庸人。
> 身体不好，心态超级好，圣人。

很多书信因其隽永而流传后世，《报任安书》便是其中之一。而我个人印象最深刻的，便是那句：

文王拘而演《周易》；仲尼厄而作《春秋》；屈原放逐，乃赋《离骚》；左丘失明，撅有《国语》；孙子膑脚，《兵法》修列；不韦迁蜀，世传《吕览》；韩非囚秦，《说难》、《孤愤》；《诗》三百篇，大抵贤圣发愤所为之作也。

当太史公司马迁写下这封信的时候，收信人任安，因为牵连进巫蛊之祸，即将被腰斩。这一年，是征和二年（公元前91年）；八年前的天汉二年（公元前99年），因为替投降匈奴的李陵辩解，司马迁遭受了对男人来说比死亡更耻辱的宫刑。

在中国的文学史上，有两句诗，大抵表达了同样的意思，一句是"文章憎命达"，一句是"诗人不幸诗家兴"。很多时候，如果你够坚强，那么一切的艰难困苦便无法击倒你、摧毁你，而是会让你在无数次的敲打磨砺中，变得更坚强也更锋利。宝剑出鞘，一切捶打的纹路便成了精美的花纹。

腊月

——— 好书是俊杰之士的心血，智读汇为您精选上品好书 ———

习惯比天性更顽固，要想登顶成功者殿堂，你必须更强！这是一本打赢习惯改造战争亲历者的笔记实录和探索心语。

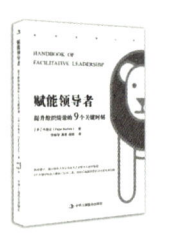

狮虎搏斗，揭示领导力与引导技术之间鲜为人知的秘密。9个关键时刻及大量热门引导工具，助你打造高效团队以达成共同目标。

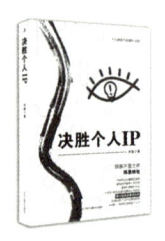

这本书系统地教会你如何打造个人IP，其实更是一本自我成长修炼的方法论。

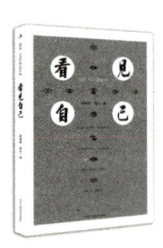

本书是带领你找到自己生命的潘多拉宝盒，借由电影《阿凡达》进行深入探索，让你看见自己的潜能，重新激活自己的力量。

本书作者洞察了销售力的7个方面，详实阐述了各种销售力要素，告诉你如何有效提升销售能力，并实现销售价值。

这是普通销售员向优秀销售员蜕变的法宝。书中解密了销售布局，包括销售逻辑、销售规律和销售目标。

企业经营的根本目的是健康可持续的盈利，本书从设计盈利目标等角度探讨利润管理的核心，帮助企业建立系统的利润管理框架体系。

目标引擎，是指制定目标后，由目标本身而引发的驱动力，包括制定目标背后的思考、目标落地与执行追踪。

本书分力量篇、实战篇、系统篇三部分。以4N绩效多年入企辅导案例为基础而成，对绩效增长具有极高的实战指导意义。

更多好书 >>

智读汇淘宝店　　智读汇微店

让我们一起读书吧，智读汇邀您呈现精彩好笔记

—智读汇一起读书俱乐部读书笔记征稿启事—

亲爱的书友：

感谢您对智读汇及智读汇·名师书苑签约作者的支持和鼓励，很高兴与您在书海中相遇。我们倡导学以致用、知行合一，特别打造一起读书，推出互联网时代学习与成长群。通过从读书到微课分享到线下课程与入企辅导等全方位、立体化的尊贵服务，助您突破阅读、卓越成长！

书 好书是俊杰之士的心血，智读汇为您精选上品好书。

课 首创图书售后服务，关注公众号、加入读者社群即可收听／收看作者精彩微课还有线上读书活动，聆听作者与书友互动分享。

社群 圣贤曰："物以类聚，人以群分。"这是购买、阅读好书的书友专享社群，以书会友，无限可能。

在此，我们诚挚地向您发出邀请：请您将本书的读书笔记发给我们。

同时，如果您还有珍藏的好书，并为之记录读书心得与感悟；如果你在阅读的旅程中也有一份感动与收获；如果你也和我们一样，与书为友、与书为伴……欢迎您和我们一起，为更多书友呈现精彩的读书笔记。

笔记要求：经管、社科或人文类图书原创读书笔记，字数2000字以上。

一起读书进社群、读书笔记投稿微信：15921181308

读书笔记被"智读汇"公众号选用即回馈精美图书1本（包邮）。

智读汇系列精品图书诚征优质书稿

智读汇云学习生态出版中心是以"内容＋"为核心理念的教育图书出版和传播平台，与出版社及社会各界强强联手，整合一流的内容资源，多年来在业内享有良好的信誉和口碑。本出版中心是《培训》杂志理事单位，及众多培训机构、讲师平台、商会和行业协会图书出版支持单位。

向致力于为中国企业发展奉献智慧，提供培训与咨询的**培训师、咨询师、优秀的创业型企业、企业家和社会各界名流**诚征优质书稿和全媒体出版计划，同时承接讲师课程价值塑造及企业品牌形象的**视频微课、音像光盘、微电影、电视讲座、创业史纪录片、动画宣传**等。

出版咨询：13816981508，15921181308（兼微信）

— 智读汇 书苑 106 —
关注回复106 **试读本** 抢先看

● 更多精彩好课内容请登录 **智读汇网：www.zduhui.com**